우리 아이 말하기 수업

우리 아이 말하기 수업

지금의 저의 말하기를 만들어 주신 부모님과,

그리고 제 말하기를 보고 배우며 자라는

딸 하은이에게

이 책을 바칩니다.

말하기는
삶의 기본기

저는 미국 로체스터 대학교에서 학생들을 가르치고 있습니다. 제가 강의실에서 만나는 학생들은 소위 명문대생이라 불리는, 세계적으로 뛰어난 학업 능력을 갖춘 인재들입니다. 하지만 이토록 뛰어난 학생들도 '말하기'라는 장벽 앞에서 좌절하는 모습을 보며 놀랄 때가 많습니다.

학생들 중 꽤 많은 수가 수업 중 발표나 토론 시간이 되면 손을 들어 질문하거나 자기 의견을 표현하는 것 자체를 극도로 두려워합니다. 그룹 프로젝트에서 자신의 좋은 아이디어를 명확하게 전달하지 못해 답답해하는 모습도 흔히 봅니다.

더욱 놀라운 것은 이런 현상이 갓 입학한 학부생에게서만 나타나는 게 아니라는 점입니다. 이미 사회에서 성공적인 경력을 쌓다 온 대학원생이나 성인 학습자들조차 똑같은 어려움을 호소하는 경우를 자주 봅니다. 지난 15년간 다양한 학생들을 가르치면서 이 '말하기에 대한 두려움'이 얼마나 보편적이고 뿌리 깊은 문제인지 절감하게 되었습니다.

특히 한국에서 온 학생들과 상담을 해 보면 공통적으로 돌아오는 대답이 있습니다. "어릴 때부터 말하는 연습을 제대로 해 본 적이 없어요" "집에서는 늘 공부하라는 말만 들었지, 제 생각을 말하는 법은 아무도 가르쳐 주지 않았어요"라고 말이죠.

이런 이야기를 들을 때마다 참 안타깝고 마음이 무거웠습니다. 말하기는 하루아침에 완성되는 기술이 아니라 어릴 때부터 차근차근 즐겁게 쌓아 올려야 하는 '경험의 근육'과도 같습니다. 성인이 된 후에야 그 중요성을 깨닫고 뒤늦게 애쓰는 학생들을 보며 '조금만 더 일찍, 어릴 때부터 시작했더라면 얼마나 좋았을까' 하는 생각을 지울 수 없었습니다.

말하기 능력은 성적 및 성과의 높고 낮음과는 또 다른 차원의 문제입니다. 아무리 좋은 생각이 있어도 제대로 표현하지 못하면 인정받기 어렵고, 팀 활동에서는 소외되기 쉽습니다. 이는 결국 아이의 자존감과 자신감 문제로까지 이어지고요. 반대로, 꼭 특별한 지식이 많지 않더라도 자기 생각을 자신 있고 논리적으로 표현하는 학생들은 더 많은 기회를 얻고 더 큰 성취를 이룹니다. 선생님이나 친구들과의 관계도 원만하고 자연스럽게 리더십을 발휘합니다. 말하기가 그들의 잠재력을 마음껏 꽃 피우게 하는 '핵심 도구'가 되는 셈입니다.

제가 이 경험을 통해 부모님들께 꼭 드리고 싶은 말씀은, 말하기 교육은 '일찍' 시작할수록 좋다는 것, 그리고 그 시작은 '가정'이어야 한다는 것입니다. 우리 아이가 먼 훗날 성인이 되어 뒤늦게 말하기 때문에 고통받지 않도록 지금 바로 집에서부터 도와주셨으면 합니다.

물론 한국의 교육 현장도 토론과 발표 수업을 늘리며 빠르게 변하고 있습니다. 2015 개정 교육과정 이후 학생 참여형 수업이 강조되고 있지요. 하지만 정작 교실에서는 "발표하기 싫어요" "말하는 게 무서워요"라고 외치는 아이들이 여전히 많습니다. 이는 단순히 아이의 성향 탓이 아니라 어릴 때부터 즐겁게 말하는 연습이 충분히 쌓이지 않았기 때문입니다.

그럼 집에서 도대체 뭘 어떻게 도와줄 수 있을까요? 막막하게 느끼실 여러분들을 위해 제가 오랫동안 학생들을 가르치며 발견한, 가정에서 실천할 수 있는 가장 중요한 원칙 몇 가지를 먼저 소개해 드리고자 합니다.

첫째, 억지로 시키지 마세요. "어서 말해 봐" "왜 말이 없니?" 식으로 재촉하는 순간 아이는 위축됩니다. 말하기는 아이가 스스로 '안전하다'고 느낄 때 자연스럽게 나오는 법이거든요.

둘째, 아이의 말을 끝까지 들어 주세요. 아이가 더듬거리거나 이야기가 산으로 가도 중간에 끊지 않고 기다려 주는 것이 중요합니다. 이에 더해 "그래서?" "우와, 또?"처럼 호응하며 격려해 주세요.

셋째, '틀려도 괜찮다'라는 분위기를 만들어 주세요. "틀렸어" "그게 아니야"라는 지적보다 "재미있는 생각이네!" "다음엔 이렇게 말해 볼까?"라는 따뜻한 격려가 아이를 한 뼘 더 자라게 합니다.

넷째, 부모님이 먼저 좋은 모델이 되어 주세요. 아이는 부모의 말하는 방식을 그대로 보고 배웁니다. 가족 간에 서로 존중하며 대화하는 모습을 보여 주는 것이 최고의 교육입니다.

다섯째, 일상에서 자연스럽게 연습하세요. 말하기를 위해서 특별히 시간을 낸다고 생각하지 마세요. 밥 먹을 때, 산책할 때, 가족끼리 차를 타고 이동할 때처럼 일상의 모든 순간이 훌륭한 말하기 연습 시간이 될 수 있습니다.

말하기는 단순히 학교 성적을 올리기 위한 기술이 아닙니다. 친구와 관계를 맺고 자기감정을 표현하며 문제를 해결하는 모든 순간에 필요한 '삶의 핵심 능력'입니다. 나아가 대학입시, 취업, 그리고 사회생활 전반의 경쟁력을 좌우하는 중요한 요소이기도 하지요.

이 책은 가정에서 아이들의 이 '핵심 능력'을 체계적으로 길러 줄 수 있도록 거창한 이론 대신 구체적이고 실용적인 방법들을 소개하고 있으며 총 5부(다섯 가지 수업)로 되어 있습니다. 1부에서는 아이가 말하기라는 행위를 '재미있는 놀이'로 느끼고 이를 좋아할 수 있게끔 하는 방법에 집중합니다. 실수해도 괜찮다는 자신감을 심어 주고 아이와 눈을 맞추며 차례대로 말하는 대화의 기본기를 다룹니다.

2부에서는 한 걸음 더 나아가 논리적이고 창의적으로 말하는 방법에 대해 살펴봅니다. 호기심을 자극하는 대화의 도입부, 복잡한 내용도 쉽게 설명하는 법, 기억에 남는 마무리와 상상력을 키우는 이야기 만드는 방법을 배울 수 있습니다.

3부에서는 아이의 사회성을 길러 주는 친구와의 소통 능력에 대해 다룹니다. 예의 바르게 부탁하는 법, 진심으로 경청하는 자세, 서로를 격려하는 칭찬법, 갈등이 생겼을 때 말로 해결하는 지혜를 익힙니다.

4부에서는 공적인 말하기 연습을 준비합니다. 발표 불안을 극복하는 법, 모둠활동에서 리더십을 발휘하는 법, 나아가 면접이나 면담에서 자신을 어필하는 요령까지 실용적인 팁을 담았습니다.

5부에서는 미디어 시대의 말하기 교육에 대해 다룹니다. TV, 책, 영화 등을 활용한 실천 방법부터 디지털 시대에 맞는 소통법, 미디어를 비판적으로 보며 자기 의견을 주장하는 현실적인 방법들을 제시합니다.

부디 이 책이 우리 아이가 말하기를 즐거워하고, 세상 앞에서 자신 있게 스스로를 표현하는 어른으로 자라는 데 든든한 디딤돌이 되기를 진심으로 바랍니다.

첫 번째 수업
아이가 말하기를 좋아하게 만드는 방법

세 번째 수업
친구와의 소통 능력 향상시키기

네 번째 수업
우리 아이, 발표 잘하게 만드는 법

1. 발표를 잘하는 비결 196

2. 우리 아이, 면접에서 떨지 않게 하는 법 219

3. 모둠활동에서 우리 아이 협력의 달인으로 만들기 239

4. 발표 불안, 우리 아이 이렇게 극복합니다 256

첫 번째 수업

아이가 말하기를 좋아하게 만드는 방법

1

말하기는
재미있는 놀이

모든 순간이 말하기 놀이터

말하기 교육에 관해 학부모로부터 가장 자주 받는 질문들은 다음과 같습니다. "어떤 학원에 보내야 할까요?" "말하기 교재는 어떤 것이 좋을까요?" "하루에 몇 분 정도 연습시켜야 하나요?" 이런 질문들을 들을 때마다 안타까운 마음이 듭니다. 말하기 교육을 마치 수학이나 영어처럼 체계적으로 가르쳐야 하는 과목이라 여기는 듯해서요.

말하기는 다른 학습과는 근본적으로 다릅니다. 말하기는 아이의 일상 속에서, 자연스러운 상황에서 길러지는 능력입니다. 더 정확히 말하면 이 능력은 아이가 '말하고 싶어 하는' 환경에서만 제대로 발달할 수 있습니다. 아무리 좋은 교재와 전문 강사가 있어도, 아이가 말하기를 즐겁다고 느끼지 않으면 의미가 없습니다.

그렇다면 어떻게 해야 아이가 말하고 싶어 하는 환경을 만들 수 있을까요? 여기서 가장 중요한 키워드가 바로 '자연스러움'입니다. 아이에게 "이제 말하기 연습 시간이야"라고 말하는 순간, 아이는 이미 부담을 느끼고 긴장하기 시작합니다. 그러니 아이가 전혀 '교육받고 있다'고 느끼지 않으면서도 자연스럽게 말할 수 있는 상황을 만들어 줘야 합니다.

이런 자연스러운 환경을 조성하는 가장 효과적인 방법이 바로 놀이입니다. 놀이는 아이에게 가장 익숙하고 편안한 상황이며, 동시에 가장 적극적으로 참여하고 싶어지는 활동이기도 합니다. 아이들도 놀이를 할 때만큼은 저도 모르는 사이에 수많은 말을 쏟아 냅니다. 게임의 규칙을 설명하고, 전략을 세우고, 감정을 표현하고, 상대를 설득하려고 노력합니다. 이 모든 것이 바로 말하기 연습인 셈입니다.

더 중요한 것은 놀이를 통한 말하기가 '진짜 상황'에서의 말하기라는 점입니다. 교재나 교실에서의 연습은 아이들에게는 아무래도 인위적인 상황일 수밖에 없습니다. 하지만 놀이를 할 때만큼은 진심이 나올 수밖에 없죠. 정말로 이기고 싶고, 어떻게든 상대방을 설득하고 싶고, 자신의 감정을 표현하고 싶기 때문에 아이들은 말을 합니다. 이런 진정성이 있는 말하기야말로 아이의 실제 소통 능력을 기르는 데 가장 효과적입니다.

게다가 가정에서의 놀이는 아이에게 가장 안전한 환경을 제공합니다. 학교나 학원에서는 다른 아이들의 시선을 의식하거나 선생님의 평가를 받을까 봐 걱정하지만, 가족과 함께하는 놀이에서는 그런 부담이 없습니다. 실수해도 괜찮고, 틀려도 괜찮고, 서툴러도 괜찮으니까요. 이런 안전한 환경에서 충분히 연습한 아이가 나중에 학교나 다른 공적인 상황에서도 자신감을 가지고 말할 수 있게 됩니다.

놀이가 주는 자연스러운 학습 효과

"엄마, 나 오늘 학교에서 뭐 했는지 맞춰 봐!" 제 딸 하은이가 학교에서 돌아와 현관문을 열자마자 하는 말입니다. 처음에는 단순히 아이가 하루 동안 있었던 일을 이야기하고 싶어 하는 줄 알았는데, 자세히 들어 보니 아이가 저와 '맞추기 게임'을 하고 있더군요.

대학에서 커뮤니케이션을 가르치며 수많은 학생들을 만나 봤지만, 정작 제 아이와의 대화에서는 종종 막막함을 느꼈습니다. 아이에게 말하기 교육을 시켜야겠다고 마음먹으면서도, 어디서부터 시작하는 게 좋을지 고민이 됐던 것이죠.

그러던 어느 날, 하은이가 먼저 시작한 맞추기 게임을 통해 깨달았습니다. 아이들에게는 교육이나 연습보다 '놀이'와 '게임'이 훨씬 매력적이라는 것을요. 아이는 이 간단한 맞추기 게임을 통해 그날 있었던 일들을 무척 즐겁다는 듯이 생생하고 자세하게 이야기하고 있었습니다.

놀이를 통한 말하기 연습의 가장 큰 장점은 아이가 부담을 느끼지 않는다는 것입니다. 말을 잘해야 한다는 압박감 대신 '이 게임에서 이기고 싶다' '엄마를 놀라게 해 주고 싶다'라는 즐거운 마음으로 자연스럽게 입을 열게 됩니다. 또한 놀이 상황에서는 실수해도 "아, 재미있네!"라는 반응을 얻을 수 있어서 아이의 자신감이 자연스럽게 커집니다.

이렇게 집에서 자연스럽게 조성된 말하기 환경은 아이에게 평생의 자산이 됩니다. 말하기가 즐거운 것이라는 경험, 가족이 자기 말을 재미있게 들어 준다는 신뢰감, 스스로의 생각을 표현하는 것이 당연하다는 자연스러움. 이런 것들은 아이가 커 가면서 어떤 상황이 닥쳐도 당당하게 자신을 표현할 수 있는 밑바탕이 됩니다.

그렇다면 집에서 할 수 있는 간단한 말하기 게임에는 어떤 것들이 있을까요? 지금부터 함께 살펴봅시다.

실전 예시

집에서 할 수 있는 간단한 말하기 게임

○ 예시 1: 스무고개 변형 게임

전통적인 스무고개 게임을 조금 변형해 보세요. 단순히 "동물이야? 식물이야?"를 묻는 대신, 아이가 더 구체적으로 설명하도록 유도하는 편이 좋습니다. 이를테면 "이것의 색깔을 세 가지 단어로 설명해 봐" "이것을 만졌을 때 느낌을 표현해 봐" "이것이 있는 장소를 자세히 설명해 봐" 식으로요. 만약 답이 '사과'라면 다음과 같은 대답이 나올 수 있습니다.

- 초등학생: "빨갛고, 반짝반짝하고, 예뻐요. 만지면 딱딱하고 매끄러워요. 냉장고 안 과일 칸에 있어요."

- 중고등학생: "관련 직종으로는 과수원 농부, 영양사, 식품 가공업체 직원이 있어요. 장점은 비타민이 풍부하고 휴대하기 편하다는 것, 단점은 쉽게 상하고 농약 문제가 있을 수 있다는 거예요."

○ 예시 2: 이어말하기 스토리

한 사람이 문장을 시작하면 다음 사람이 이어서 말하는 게임입니다. 단, 각자

한 문장씩만 말할 수 있어요. 이 게임의 핵심은 상대방이 한 말을 잘 듣고, 논리적으로 연결되는 다음 이야기를 만들어 내는 것입니다. 처음에는 엉뚱한 방향으로 흘러가도 괜찮습니다. 오히려 그런 예상치 못한 전개가 더 재미있을 때가 많아요.

- 초등학생: "옛날 옛적 작은 마을에 예쁜 공주가 살고 있었어요"(엄마) "그런데 그 공주는 하루 종일 울기만 했어요"(아이) "왜냐하면 친구가 한 명도 없었거든요"(엄마) "그래서 공주는 친구를 찾으러 모험을 떠나기로 했어요"(아이)….

- 중고등학생: "2050년, 지구온난화로 인해 많은 도시가 물에 잠겼습니다"(엄마) "그래서 사람들은 하늘에 떠 있는 도시에서 살게 되었어요"(아이) "하지만 하늘 도시에서는 음식을 구하기가 너무 어려웠습니다"(엄마) "그래서 주인공은 지상에서 식량을 구해 오는 위험한 임무를 맡게 되었죠"(아이)….

○ 예시 3: 하루 일과 뉴스 게임

하은이가 가장 좋아하는 게임 중 하나입니다. 아이가 뉴스 앵커가 되어 하루 동안 있었던 일을 뉴스 형식으로 전달하는 식이죠. 이 게임을 통해 아이는 그날 있었던 일을 체계적으로 정리해서 말하는 연습을 할 수 있고, 동시에 중요한 사건과 그렇지 않은 사건을 구분하는 능력도 기를 수 있습니다.

- 초등학생: "안녕하세요, ○○뉴스의 송하은입니다. 오늘의 주요 뉴스를 전해 드리겠습니다. 첫 번째 뉴스입니다. 오늘 오전 2교시 수학 시간에 큰 사건이 일어났습니다. 구구단 시험에서 만점을 받은 학생이 나타났는데요. 그 주인공은 바로 저, 송하은입니다!"

- 중고등학생: "안녕하십니까, KBS 9시 뉴스 시간입니다. 오늘 주요 뉴스입니다. 첫 번째 소식입니다. 오늘 오후 ○○학교에서 열린 과학 발표대회에서 환경보호를 주제로 한 발표가 1등을 차지했습니다. 이 발표는 플라스틱 사용 줄

이기의 중요성을 실험을 통해 증명한 것으로 평가받고 있습니다."

○ 예시 4: 감정 표현 게임

카드에 다양한 감정을 적어 두고 아이가 뽑은 감정을 몸짓과 말로 동시에 표현하는 게임입니다. 단순히 "기쁘다" "슬프다"라고 말하는 것이 아니라, 그 감정을 느꼈던 구체적인 상황을 이야기하도록 합니다. 아이가 '기쁨' 카드를 뽑았다고 가정해 볼까요?

- 초등학생: "저는 지금 정말 정말 기뻐요! 왜냐하면 어젯밤에 이빨 요정이 와서 제 이 밑에 천 원을 놓고 갔거든요. 아침에 일어나서 베개 밑을 확인했을 때 돈이 있는 걸 보고 깜짝 놀랐어요!"

- 중고등학생: "지금 제 기분은 정말 최고예요! 왜냐하면 한 달 동안 준비했던 영어 말하기 대회에서 은상을 받았거든요. 처음에는 긴장된 나머지 목소리가 떨릴까 봐 걱정했는데, 막상 무대에 서니까 그동안 연습했던 것들이 자연스럽게 나왔어요. 특히 심사위원 선생님께 '발음이 정말 좋다'라고 칭찬받았을 때는 정말 뿌듯했어요."

아이의 흥미를 끄는 대화 주제 찾기

많은 부모들이 말하기 교육의 중요성은 인정하면서도 정작 집에서 아이와 무엇을 어떻게 이야기해야 효과적일지 막막해합니다. 아이에게 "오늘 학교 어땠어?"라고 물어도 "그냥요"라는 대답만 돌아오고, "숙제는 다 했니?"라고 물으면 "네"라는 한마디로 대화가 끝나 버립니다. 이런 상황이 반복되다 보면 부모도 점차 아이와의 대화를 포기하게 되고, 결국 집은 소통 없는 고요한 공간으로 변해 버리고 말죠.

하지만 이런 문제의 근본적인 원인은 아이가 말을 못해서가 아닙니다. 아이가 '말하고 싶어 하지 않는' 주제로 대화를 시도하기 때문입니다. 아무리 좋은 대화 기법을 사용해도 아이가 흥미를 느끼지 못하는 주제라면 의미 있는 대화로 발전하기 어렵습니다.

그렇다면 아이의 흥미를 중심으로 한 대화는 어떤 교육적 효과를 가져올까요? 첫째, 아이가 자발적으로 말하게 됩니다. 좋아하는 것에 대해 이야기할 때 아이들은 누가 시키지 않아도 저절로 입을 열기 마련입니다. 평소에는 "네" "아니오"로만 대답하던 아이가 갑자기 긴 문장으로 이야기를 이어 나가죠. 이런 자발적인 말하기야말로 진정한 소통 능력의 출발점입니다.

둘째, 어휘력과 표현력이 자연스럽게 풍부해집니다. 좋아하는 주제에 대해 이야기할 때 아이들은 평소보다 훨씬 다양한 단어와 표현을 사용하게 되죠. 게임 이야기를 하면서는 전략, 레벨, 캐릭터 등의 용어를, 동물 이야기를 하면서는 서식지, 먹이사슬, 생태계 등의 개념을 자연스럽게 익히게 됩니다.

셋째, 논리적 사고력이 발달합니다. 자신이 좋아하는 것에 대해 설명하고 설득하는 과정에서 아이들은 자연스럽게 근거를 제시하고 원인과 결과를 연결하며 체계적으로 생각하는 법을 배웁니다. "왜 그 캐릭터를 좋아해?"라는 질문에 답하기 위해서는 그 이유를 논리적으로 설명할 필요가 있으니까요.

넷째, 자존감과 자신감이 향상됩니다. 자신이 잘 아는 분야에서 부모와 대등하게, 때로는 부모보다 더 많이 아는 입장에서 이야기할 수 있다는 것은 아이에게 큰 자신감을 심어 줍니다. '내가 엄마에게 이런 걸 가르쳐 줄 수 있구나' 인식하는 경험은 아이에게도 상당히 특별한 일이니까요.

제 딸 하은이의 경우, 처음에 공주와 유니콘 이야기에만 관심을 보였습니다. 솔직히 '또 공주 이야기야?' 싶었지만 이내 이것이 아이와 깊은 대화를 나눌 수 있는 기회임을 깨달았죠.

"공주가 왜 그런 선택을 했을까?"라고 물어보면 하은이는 공주의 마음을 헤아리며 감정을 이입합니다. "만약 네가 공주라면 어떻게 했을까?"라는 질문에는 자신만의 해결책을 제시하며 창의적 사고력을 기릅니다. "다른 공주들과 비교했을 때 이 공주는 어떤 점이 특별할까?"라는 질문을 통해서는 비교 분석하는 능력을 키웁니다.

처음에는 단순히 "예뻐서 좋아요"라고 대답하던 아이가 몇 달이 지나자 "이 공주는 다른 공주들과 달리 자기 나라 백성들을 생각해서 결정을 내려요. 그래서 멋있어요"라고 말할 수 있게 되었습니다. 똑같은 공주 이야기를 하고 있지만, 훨씬 깊이 있고 논리적인 사고를 거쳐 표현할 수 있게 된 겁니다.

더 놀라운 점은 이런 대화 능력이 다른 주제로도 자연스럽게 확장되었다는 점입니다. 학교에서 있었던 일을 이야기할 때도 단순히 "재미있었어요"가 아니라 왜 재미있었는지, 어떤 부분이 가장 기억에 남는지를 구체적으로 설명하게 되었죠.

그렇다면 우리 아이가 정말로 좋아하는 것은 무엇이며 그걸 어떻게 찾아낼 수 있을까요? 먼저 아이가 혼자 놀 때 주로 하는 놀이, 자주 보는 책이나 유튜브 콘텐츠, 친구들과 이야기할 때 가장 관심을 보이는 주제를 유심히 관찰하세요. 아이가 가장 자연스럽고 편안한 상태일 때 드러나는 관심사가 진짜 관심사입니다.

아이에게 대화의 선택권을 주는 것도 중요합니다. "오늘은 뭘 이야기해 볼까? 학교 친구들 이야기? 아니면 주말에 가고 싶은 곳 이야기? 아니면 네가 어제 본 만화 이야기?"처럼 여러 선택지를 제공해 보세요. 아이가 어떤 주제를 선택하는지, 어떤 주제에서 눈이 반짝이는지 관찰할 수 있습니다.

또한 "엄마, 구름은 왜 떨어지지 않아요?" "개미는 왜 줄을 서서 다녀요?"처럼 아이가 평소에 던지는 엉뚱한 질문들이야말로 최고의 대화 주제가 될 수 있음을 명심하세요. 이런 질문 속에 아이의 호기심과 관심사가 고스란히 담겨 있습니다.

아이의 관심사를 활용하기

아이가 좋아하는 주제를 찾았다면, 그것을 말하기 연습과 결부해 다양한 방향으로 확장해 볼 수 있습니다. 먼저 공룡을 좋아하는 지훈이의 사례를 같이 살펴볼까요? 맨 처음 "티라노사우루스가 제일 세요!"라고만 말하던 지훈이는 부모와의 지속적인 대화를 통해 다음과 같이 발전했습니다.

- 1단계: "공룡이 지금도 살아 있다면 어떨까?" → 상상력 발휘
- 2단계: "공룡과 친구가 된다면 어떤 놀이를 하고 싶어?" → 창의적 사고
- 3단계: "공룡 박물관을 만든다면 어떻게 꾸밀 거야?" → 기획력과 설명력
- 4단계: "공룡이 멸종한 이유를 친구들에게 설명해 준다면?" → 지식 정리 및 전달력

이런 과정을 통해 지훈이는 단순히 공룡을 좋아하는 것에서 시작해 지질학적 변화, 환경보호의 중요성, 박물관의 역할까지 다양한 주제로 생각을 확장할 수 있게 되었습니다.

K-POP을 좋아하는 수아의 사례를 예로 들어 볼까요? 맨 처음 "이 그룹 노래가 진짜 좋아요"라고만 말하던 수아는 부모와의 대화를 통해 다음과 같이 발전했습니다.

- 1단계: "K-POP이 전 세계적으로 인기 있는 이유가 뭘까?" → 문

화 분석력

- 2단계: "10년 후 K-POP은 어떻게 변할 것 같아?" → 미래 예측력
- 3단계: "만약 네가 기획사 사장이라면 어떤 아이돌그룹을 만들고 싶어?" → 기획력과 전략적 사고
- 4단계: "K-POP의 장점을 외국인 친구에게 설명한다면?" → 논리적 설득력

위와 같은 대화를 통해 수아는 음악산업에 대한 이해는 물론, 문화비평 능력, 비즈니스 마인드까지 기를 수 있었습니다.

가장 중요한 것은 정답이 있는 질문이 아니라 아이가 자유롭게 생각하고 표현할 수 있는 열린 질문을 하는 것입니다. 커뮤니케이션 강의를 할 때 학생들에게 항상 강조하는 부분이 있습니다. 말하기는 타고난 재능으로 하는 게 아니라 지속적인 연습을 통해 완성해 나가는 거라고요. 하지만 아이들에게는 연습보다 놀이라는 포장지가 필요하고, 그 놀이가 성공하려면 아이의 진짜 관심사를 공략해야 합니다.

매일 저녁 아이와 함께하는 말하기 놀이가 쌓인 결과, 하은이는 자기 생각을 자신 있게 표현하는 아이로 자라고 있습니다. 무엇보다 아이가 "엄마, 오늘도 재미있는 이야기 놀이 해요!"라고 먼저 말을 걸어오는 모습을 보면, 말하기가 정말 즐거운 놀이가 되었음을 실감합니다. 이것이야말로 아이가 평생 가져갈 수 있는 가장 소중한 자산이 아닐까요?

2

자신감 있게
말하기

● ● ●

실수에 대한 관점이 말하기 자신감을 결정한다

학생들을 가르치다 보면 가장 자주 마주하지만, 어쩌면 가장 가르치기 어려운 부분이 바로 '실수'에 대한 생각입니다. 로체스터 대학교 정도에 들어오는 학생들이라면 학창 시절에 공부를 썩 잘했을 것이 분명하고, 집에서도 부모님의 말을 그대로 잘 따르는 아이였을 확률이 높거든요. 그런 아이들은 자신이 실수할 수도 있다는 가능성을 받아들이기 무척 힘들어합니다. 특히나 학교에서의 성적은 기록으로 남는 데다가 향후 취업 시에도 어느 정도 영향을 줄 거라 생각하기 때문에 실수하지 않기 위해 필사적이 되고 말죠.

이는 비단 개개인의 문제일까요? 아닙니다. 학생들이 이렇게 생각하게 된 데는 부모와 학교, 미디어로부터 들어 온 '실수해선 안 돼'라는 메시지의 영향이 큽니다. 어렸을 때부터 "실수해도 괜찮아" "정말 흥미롭다" "작은 것부터 차근차근 하면 돼"라는 이야기를 꾸준히 해 주었다면 지금 성인이 된 아이들의 마음가짐은 많이 달라졌을 겁니다.

다시 한번 강조하지만, 말하기에 대한 자신감은 어린 시절에 형성됩니다. 그리고 그 핵심은 '실수에 대한 태도'에 있죠. 완벽하게 말해야 한다는 부담감이 아니라, 실수하면서 배워 가는 게 자연스럽다는 인식을 어릴 때부터 길러 주는 것이 무엇보다 중요합니다.

말하기의 본질을 생각했을 때, 애초에 완벽한 말하기란 존재할 수 없습니다. 원어민조차 말실수를 하고, 전문 연사들도 때로는 더듬거립니다. 중요한 것은 완벽하게 말하는 게 아니라 자신의 생각과 감정을 상대방에게 제대로 전달하는 것입니다. 그리고 이 같은 진정한 소통은 실수를 두려워하지 않을 때 비로소 가능해집니다.

그렇다면 어떻게 해야 아이들이 실수를 보다 건전하고 편안하게 받아들일 수 있을까요? 이에 대한 성패를 좌우하는 요소는 아이가 실제로 말실수를 했을 때 부모가 어떻게 반응하는지입니다. 이때의 반응이 평생에 걸쳐 아이의 말하기 자신감을 좌우할 수 있습니다.

"엄마, 저 오늘 발표할 때 'He'를 'She'라고 잘못 말했어요." 하은이가 학교에서 돌아와 잔뜩 풀이 죽은 채 말했습니다. 아이의 표정을 보니 꽤 창피했던 모양이었어요. 이런 순간이 바로 아이의 말하기 자신감을 좌우하는 중요한 갈림길입니다.

많은 부모들이 이런 상황에서 "그러면 안 되지. 다음에는 조심해" 또는 "발표 전에 연습을 더 하고 가지 그랬니"라고 말합니다. 좋은 의도로 한 말이겠지만, 아이에게는 '실수는 나쁜 것' '더 완벽해져야 한다'라는 메시지로 전달되기 딱 좋아요. 그래서 저는 하은이에게 대신 이렇게 말했습니다.

"아, 그래? 그런데 친구들이 하은이가 무슨 말을 하려는지는 다 알아들었지? 그럼 된 거야. 말하기에서 가장 중요한 건 내 마음을 상대방에게 전달하는 거거든. 단어가 조금 틀려도 마음이 전해지면 성공한 거야."

아이의 얼굴이 금세 밝아지는 것을 볼 수 있었습니다. 그리고 며칠 후 하은이는 "엄마, 오늘은 발표할 때 실수 안 했어요. 근데 실수해도 괜찮다는 걸 알고 있으니까 별로 떨리지 않았어요"라고 이야기해 주었습니다. 실수에 대한 부담이 줄어드니 오히려 더 자연스럽게 말할 수 있게 된 겁니다. 여기서의 핵심은 아이의 '시도' 그 자체를 인정해 주는 것입니다.

실전 예시

아이의 실수를 성장 기회로 바꾸는 말들

○ 상황 1: 아이가 발표 연습 중에 말을 더듬었을 때

\- 부정적 반응: "왜 그렇게 더듬어? 연습을 더 했어야지."

\- 긍정적 반응: "발표하느라 수고했어. 더듬어도 끝까지 해낸 게 정말 멋지다. 다음에는 조금 더 천천히 말해 보면 어떨까?"

○ 상황 2: 아이가 틀린 단어를 사용했을 때

\- 부정적 반응: "그 단어가 아니야. 정확히 말해야지."

\- 긍정적 반응: "네가 무슨 말이 하고 싶은지 엄마가 잘 알겠어. 그런데 이런 단어를 쓰면 더 정확하게 표현할 수 있을 것 같아."

○ 상황 3: 아이가 논리에 맞지 않는 이야기를 했을 때

\- 부정적 반응: "그건 말이 안 되잖아. 다시 생각해 봐."

아이들은 부모를 관찰 중이다

많은 부모들이 아이와 대화할 때 무엇을 말할지에만 집중하는 경우가 많습니다. "오늘 학교 어땠어?" "뭐가 제일 재미있었어?" 같은 질문들 말입니다. 물론 좋은 질문을 하는 것도 중요합니다. 하지만 그보다 더 중요한 것은 아이가 말할 때 부모가 어떻게 반응하는지입니다.

아이들은 생각보다 훨씬 예민하게 부모의 반응을 관찰합니다. 부모가 자기 말을 진짜로 듣고 있는지, 관심 있어 하는지, 아니면 그냥 의례적으로 대답하고 있는지를 본능적으로 알아챕니다. 그리고 이런 부모의 반응에 따라 이야기를 더 이어 갈지 말지를 결정합니다.

커뮤니케이션 이론 중 '머레이비언의 법칙'이라는 것이 있습니다. 사람들이 메시지를 받아들일 때, 실제 말의 내용(언어적 요소)은 7퍼센트만 영향을 미치고 목소리 톤(준언어적 요소)이 38퍼센트, 몸짓이나 표정(비언어적 요소)이 55퍼센트를 차지한다는 것입니다. 다시 말해 우리가 "잘했어"라고 말해도 그때의 표정과 목소리 톤이 무관심해 보이면 아이는 '엄마가 별로 관심 없어 하는구나'라고 느끼게 됩니다.

실제로 "부모님이 내 말을 들어 주지 않는다"라면서 상담을 받으러

오는 학생들의 경우, 막상 제가 그 부모님들과 만나 이야기를 나눠 보면 대개 억울해하곤 합니다. "우리 집에서 매일 대화해요. 대체 뭐가 문제라는 걸까요?"라면서 말이죠. 하지만 자세히 들어 보면 대부분의 경우 부모는 다른 일을 하면서 대충 "응, 그래" 정도로만 반응했을 뿐입니다.

아이에게 있어서 부모의 반응은 강력한 피드백이 됩니다. 긍정적으로 반응하면 '내 말이 가치 있구나, 더 이야기하고 싶어' 식으로 생각하게 되고, 부정적이거나 무관심한 반응을 받으면 '내 말은 별로 중요하지 않나 봐. 앞으로 이런 얘기는 하지 말자'라고 생각하게 됩니다. 특히 비·준 언어적 반응(표정, 몸짓, 목소리 톤)은 언어적 반응만큼이나, 아니 때로는 그보다 더 치명타를 날리기도 하고요.

그럼 좀 더 구체적으로 부모들은 어떻게 아이에게 긍정적으로 반응할 수 있을까요? 세 가지 방법을 알려 드리겠습니다. 가장 먼저 아이가 말할 때만큼은 하던 일을 멈추고 아이에게 온전히 집중해 주세요. 스마트폰을 내려놓고, TV를 끄고, 아이와 눈을 맞추며 이야기를 들어 주는 것만으로도 아이는 '내 말이 중요하구나'라고 느끼고 훨씬 더 많은 이야기를 하게 될 거예요.

아이의 감정에 공감해 주고 이를 함께 나누세요. "우와, 정말 신났겠다!" "아, 그랬구나. 많이 속상했을 것 같아" 식으로 아이가 기쁜 이야기를 하면 함께 기뻐하고 속상한 이야기를 하면 함께 속상해하세요. 아이의 감정에 공감해 주는 것은 가장 강력한 긍정적 반응입니다.

칭찬은 구체적으로 해 주세요. 단순히 "잘했어"라고만 말하기보다

"네가 그 상황을 정말 생생하게 이야기해 줘서 엄마도 마치 그 자리에 있는 것 같았어"처럼 구체적으로 무엇이 좋았는지 함께 말해 주세요.

○ 예시 1: 연령별 긍정적 반응법

- 초등학교 저학년: "와, 정말 재미있게 이야기했네!" "엄마도 그 장면이 눈에 선명하게 그려져!" "네 덕분에 새로운 걸 알게 됐어" "목소리가 정말 또렷하고 좋았어" 등.

- 초등학교 고학년 및 중고등학교: "네 관점이 정말 독특하고 흥미로워" "그 부분에 대해 깊이 생각해 봤구나" "논리적으로 잘 정리해서 말할 줄 아는구나" "네 의견을 듣고 나니까 생각이 바뀌었어" 등.

○ 예시 2: 실수했을 때 대처법(단어 선택 실수 편)

아이가 말실수를 했을 때는 절대 곧바로 교정하려고 들지 마세요. 일단 아이의 말을 끝까지 들은 후에 자연스럽게 올바른 표현을 들려주는 것이 좋습니다.

▶ 아이: "엄마, 오늘 급식에서 새우깡이 나왔어요!"

- 잘못된 반응: "새우깡이 아니야, 새우튀김이지. 제대로 말해."

- 올바른 반응: "오, 새우튀김이 나왔구나! 맛있었어?"

○ 예시 3: 실수했을 때 대처법(발음 실수 편)

▶ 아이: "오늘 과학 시간에 디렁이를 관찰했어요!"(지렁이를 '디렁이'로 발음)

작은 성공 경험을 쌓아 가기

많은 부모들이 아이의 말하기 자신감을 키워 주고 싶어 하지만, 종종 너무 큰 목표를 설정한 탓에 어려움을 겪는 경우를 보곤 합니다. '우리 아이가 발표 대회에서 상을 탔으면' '반 친구들 앞에서 당당하게 발표했으면' 같은 바람들 말입니다. 하지만 이런 큰 목표들은 오히려 아이에게 부담을 주고 실패했을 때 더 큰 좌절감을 안겨 줄 수 있습니다.

로체스터 대학교에서 학생들을 가르치면서 발견한 흥미로운 사실이 있습니다. 말하기에 자신감이 있는 학생들에게 "언제부터 말하기에 자신감을 갖게 되었나요?"라고 물어보면, 대부분 작은 성공들을 먼저 떠올립니다. 초등학생 때 엄마 앞에서 책 내용을 설명한 것, 친구에게 게임 방법을 가르쳐 준 것, 가족여행에서 맛있는 음식점을 추천한 것 같은 사소해 보이는 경험들이 쌓여서 지금의 자신감이 만들어졌다고 말이죠.

반대로 말하기를 어려워하는 학생들은 종종 '한 번의 실패 경험'을 생생히 기억합니다. 초등학생 시절 발표 시간에 실수해서 친구들이 웃었던 일, 선생님 앞에서 틀린 답을 말해서 크게 꾸중을 들었던 경험 같은 것들 말입니다. 이런 경험들이 마치 트라우마처럼 작용해서 말하기 자체를 회피하게 되었달까요.

제 학생 가운데 발표 때마다 지나치게 긴장을 해서 점수를 잘 받지 못하던 친구가 있었습니다. 어느 날 그 학생이 제 사무실로 찾아와서 발표와 관련해 고민을 털어놓았는데, 알고 봤더니 고등학생 시절 프레젠테이션을 마친 후 선생님으로부터 "너는 발표하면 안 되겠다"라며 반 친구들 앞에서 창피를 당한 경험이 트라우마처럼 남았노라 고백했죠. 그 후로 자신이 프레젠테이션을 준비할 때마다 그 선생님의 말이 떠올라 스스로 너무 괴로웠다고 말이에요. 저는 말해 주었습니다. "이미 지난 일이고, 너는 계속 공부하고 경험하면서 좋아질 것이 분명하니 너 스스로를 믿고 이 수업에서 제대로 연습하면 돼." 그 친구는 제 말을 믿고 또 동시에 자신을 믿으면서 정말 열심히 훈련했습니다. 그리고 졸업 후 큰 컨설팅 회사에 취업해 맨해튼 한복판에서 멋진 컨설턴트로 커리어를 이어 가고 있고요.

자신감은 성공 경험이 쌓여서 만들어지지만, 이 성공 경험이 반드시 거창할 필요는 없습니다. 오히려 사소하고 자연스러운 성공들이 모여서 견고한 자신감을 만들어 낸달까요. 마치 집을 지을 때 큰 바위 하나로 기초를 다지는 것이 아니라 작은 벽돌들을 차곡차곡 쌓아서 튼튼하게 기초를 다지는 이치와도 같습니다.

그렇다면 부모는 어떤 식으로 아이가 작은 성공 경험을 쌓도록 도와 줄 수 있을까요? 모든 것이 그렇듯 먼저 쉬운 것부터 시작하세요. 갑자기 어려운 발표나 토론을 시킨다고 아이의 말하기 실력이 느는 게 아니에요. "네가 가장 좋아하는 음식에 대해 이야기해 볼까?" 같은 편안한 질문이나 아이가 자신 있어 하는 주제에서 시작해 점차 영역을 넓혀 가는 편이 좋습니다.

작은 변화도 놓치지 말고 발견하고 인정해 주세요. "오늘은 어제보다 목소리가 더 컸네" "이번에는 우리랑 눈을 맞추며 말하려고 노력했구나"처럼 아무리 사소한 발전이라도 놓치지 않고 격려해 준다면 그 자체가 아이에게는 성공 경험이 됩니다.

결과보다는 과정에 집중해 칭찬해 주세요. "정말 완벽했어"보다는 "열심히 준비한 게 보였어" "끝까지 포기하지 않고 말한 게 멋져"라고 말해 주는 것이 더 효과적입니다. 아래에 나온 단계별로 아이의 자신감을 키우는 방법과 일상 습관 등을 보고 따라 해 보세요.

실전 예시

단계별 자신감 키우는 방법

○ 1단계: 가족과의 편안한 대화

- 초등학생: 하루 중 가장 재미있었던 것 한 가지 말하기, 좋아하는 음식에 대해 1분 동안 이야기하기, 가족에게 간단한 수수께끼 내기 등.

- 중고등학생: 최근에 본 영화나 드라마에 대한 감상 나누기, 사회 이슈에 대해 자신의 의견을 3분 동안 말하기, 진로나 꿈에 대해 구체적으로 설명하기 등.

○ 2단계: 익숙한 사람들과의 대화

- 초등학생: 할머니, 할아버지께 학교 이야기 들려 드리기, 친한 친구에게 전화로 안부 묻기, 가족 모임에서 자신의 취미 소개하기 등.
- 중고등학생: 친구들과의 모임에서 자신의 의견을 적극적으로 표현하기, 선생님께 질문이나 상담 요청하기, 동아리 활동에서 자신의 아이디어 제안하기 등.

○ 3단계: 좀 더 공식적인 상황에서의 말하기

- 초등학생: 수업 시간에 손 들고 발표하기, 친구 생일파티에서 축하 인사하기, 학급 임원 선거에서 공약 발표하기 등.
- 중고등학생: 교내 토론대회나 발표 대회 참가하기, 학생회 활동에서 의견 개진하기, 동아리 발표나 공연에서 사회 보기 등.

각 단계에서 성공 경험을 쌓은 후에 다음 단계로 넘어가는 것이 중요합니다. 무리해서 단계를 뛰어넘으려다 문제가 생기면 오히려 자신감이 떨어질 수 있어요. 또 이런 식으로 작은 성공들을 경험하기 시작했다면 이를 기록해 두는 것도 좋습니다. 이런 기록을 통해 아이는 자신의 성장을 직접 확인할 수 있고, 어려운 상황에 직면했을 때 과거의 성공 경험을 떠올리며 자신감을 되찾을 수 있습니다.

○ 예시 1: 성공 경험을 기록하기

- 초등학생: 2025년 9월 15일 오늘 수업 시간에 손을 들고 발표했다. 처음에는 떨렸는데, 선생님이 "목소리가 크고 또렷해서 좋다"라고 칭찬해 주셨다. 친구들도 고개를 끄덕이며 들어 줘서 다음에는 더 자신 있게 발표할 수 있을 것 같다.

- 중고등학생: 2025년 9월 15일 오늘 영어 시간에 자유 주제로 발표를 했다. 환경보호에 대해 준비한 내용이었는데, 친구들이 진지하게 들어 주고 좋은 질문도 많이 해 줬다. 특히 "구체적인 실천 방안이 현실적이다"라는 피드백을 받았을 때 정말 뿌듯했다. 다음에는 좀 더 깊이 있는 주제로 도전해 보고 싶다.

○ 예시 2: 매일 한 가지씩 새로운 단어 사용해 보기

- 초등학생: "오늘은 '황홀하다'라는 단어를 써서 문장을 만들어 볼까?"

- 중고등학생: "신문이나 인터넷 기사에서 시사용어나 전문용어를 찾아 상황에 맞게 같이 한번 사용해 볼까?"

○ 예시 3: 거울 앞에서 말하기 연습하기

- 초등학생: 좋아하는 동화책을 감정을 담아 읽어 보기 등.

- 중고등학생: 관심 있는 주제에 대해 3분 스피치 해 보기 등.

○ 예시 4: 가족 앞에서 작은 발표회 하기

- 초등학생: 오늘 학교에서 배운 내용을 가족에게 설명하기 등.

- 중고등학생: 최근 관심사나 진로에 대해 프레젠테이션 해 보기 등.

3

눈을 보고
이야기해요

아이 콘택트, '본능'에서 '필수'가 된 소통의 기술

대학에서 학생들의 프레젠테이션을 15년간 지도하다 보니 저절로 발견하게 된 한 가지 사실이 있습니다. 똑같은 내용으로 발표하더라도 청중과 눈을 맞추면서 발표하는 학생과 그렇지 않은 학생 사이에는 명확한 차이가 있었습니다. 청중에게 받는 반응이 완전히 달랐던 것이죠.

청중과 시선을 주고받는 학생의 발표는 순식간에 몰입감을 자아내 청중을 집중시키고 긍정적인 평가를 이끌어 냈습니다. 반면, 아무리 내용이 훌륭해도 바닥이나 천장만 쳐다보는 학생의 발표는 청중들로 하여금 급격히 흥미와 집중력을 잃게 만들었고, 그 설득력 또한 눈에 띄게 힘을 잃었습니다.

이는 비단 단순히 '발표 기술' 하나가 좋고 나쁨의 문제가 아닙니다. 오히려 '본능'의 영역에 더 가깝달까요. 우리 뇌는 진화 시스템상 상대의 눈을 보고 말하는 이의 의도와 감정을 파악하도록 설계되었습니다. 갓 태어난 신생아조차 몇 시간 만에 엄마의 눈을 찾아 응시한다는 연구 결과만 봐도 알 수 있죠. 그렇습니다. 아이 콘택트는 인간의 가장 기본적이고 원초적인 소통 신호입니다. 그렇다면 눈을 맞추는 그 짧은 순간, 우리는 어떤 메시지를 주고받는 걸까요? 많은 연구에 따르면 그 힘은 실로 강력합니다.

- 신뢰와 진심: 눈 맞춤은 '나는 당신을 존중하며 진심으로 대하고 있습니다'라는 무언의 신호입니다. 반대로 눈을 피하면 '무언가 숨기나?' '거짓말을 하나?' '나에게 관심이 없나?' 같은 불필요한 의심을 사기 쉽습니다.
- 관심과 집중: 눈 맞춤은 '당신의 말이 지금 나에게 중요합니다'를 표현하는 가장 확실한 방법입니다. 특히 아이가 부모에게 무언가를 이야기할 때 부모가 보여 주는 따뜻한 눈 맞춤은 아이에게 '나는 가치 있는 사람'이라는 확신을 심어 줍니다.
- 자신감과 당당함: 눈을 보고 말하는 사람은 그 자체로 당당하고 자신감 있어 보입니다. 이는 실제 자신감과 별개로, 상대방이 받는 '인상'에 결정적인 영향을 미칩니다.

물론 아이 콘택트에 대한 인식은 문화마다 다릅니다. 서구권에서는 이를 예의와 진정성의 표현으로 보지만, 동양의 일부 문화권에서는 어른을 똑바로 쳐다보는 것을 무례하다고 여기기도 했죠. 우리나라 역시 전통적으로는 어른과 똑바로 눈을 마주해선 안 된다는 인식이 있었습니다. 제가 학창 시절을 보낼 때만 해도 선생님이나 교수님과 이야기를 할 때면 차마 눈을 마주치지 못하고 괜히 뭔가를 잘못한 사람처럼 잔뜩 주눅이 들어 있었던 기억이 납니다. 하지만 처음 미국으로 교환학생을 간 2004년, 한 네이티브 학생이 강의실에서 다리를 꼰 채 손을 번쩍 들고 눈을 마주 보며 노교수에게 질문을 하던 모습을 보았죠. 더 놀라운 것은 노교수의 반응이었습니다. 그 학생의 태도가 전혀 아무렇지 않은 듯 그저 평범하게 대답을 했을 뿐이거든요. 당시에 어찌나 충격을 받았던지 그 기억만큼은 아직까지 제 머릿속에 생생히 남아 있습니다.

이때 비로소 문화에 따라 소통 방법에 대한 인식이 달라질 수 있음을 체감했습니다. 미국에서는 눈을 마주 보면서 말하는 것이야말로 자신의 진심과 능력을 제대로 전할 수 있는 가장 효과적인 방법이었습니다. 그리고 이제는 시대 자체가 변했습니다. 앞으로는 그렇게 우물쭈물 예의만 차리다가는 눈앞에 다가오는 많은 연결과 소통의 기회를 놓쳐 버릴지도 몰라요. 글로벌 시대를 맞이해 국제적인 소통이 필수가 된 지금, 적절한 아이 콘택트는 '선택'이 아닌 '필수' 역량이 되었습니다.

그럼에도 불구하고 여전히 많은 한국 아이들은 다른 사람과 눈 맞추기를 어려워합니다. 부끄러워서, 어색해서, 왠지 무서워서 등 다양한 이유로 상대방의 눈을 피하고 맙니다. 이러한 사소한 습관은 어릴 때는 크게 문제가 되지 않는 것처럼 보일 수 있지만, 성장하면서 점차 심각한 장벽으로 작용하게 됩니다. 훗날 중요한 면접 자리나 학습 및 업무상의 프레젠테이션은 물론이고, 심지어 일상적인 대화 상황에서조차 의사소통에 어려움을 겪거나 자신감 없는 모습으로 비칠 수 있습니다. 그리고 이는 사회생활과 대인관계 전반에 걸쳐 부정적인 영향을 미칠 수도, 아이의 잠재력을 충분히 발휘하지 못하게 하는 원인이 될 수도 있습니다. 따라서 아이들이 어릴 때부터 자연스럽게 아이 콘택트를 익히고 편안하게 소통할 수 있도록 돕는 교육과 연습이 매우 중요합니다.

아이의 성장에 결정적인 영향을 미치는 눈 맞춤의 힘

부모가 아이와 눈을 맞추는 행위는 아이의 전인적 발달에 얼마나 놀라운 영향을 미칠까요? 이는 아이와 부모 간에 정서적으로 깊은 유대감을 형성하는 것은 말할 필요도 없고 아이가 심리적으로 보다 안정된 상태에서 성장할 수 있는 바탕을 제공해 줍니다. 아이는 부모와 눈을 마주치는 순간 '나는 사랑받고 있구나' '나는 이들에게 소중한 존재구나'를 본능적으로 느끼게 됩니다. 이는 평생에 걸쳐 근원적인 안정감의 원천이 되죠. 이 같은 안정감은 세상을 탐색하고 새로운 경험에 도전하는 데 필요한 튼튼한 심리적 기반이 됩니다. 특히 영유아기에는 눈 맞춤을 통해 애착 관계가 깊어지고, 이는 이후 아이의 정서 조절 능력과 스트레스 대처 능력에도 긍정적인 영향을 미칩니다. 부모의 따뜻한 눈빛은 아이에게 있어 건강한 자아 발달의 첫걸음이자, 세상이 안전하고 예측 가능한 곳이라는 신뢰를 형성할 수 있도록 도와줍니다.

또한 아이 콘택트는 아이의 사회성을 쌓아 올리는 '기초 공사'라고 할 수 있습니다. 우리는 눈을 통해 상대방의 표정을 읽고 감정을 파악하며, 의도를 이해하는 복잡한 사회적 상호작용을 시작합니다. 아이는 부모와의 눈 맞춤을 통해 이러한 비언어적 신호를 해독하는 법을 자연스럽게 배우게 됩니다. 기쁨, 슬픔, 놀람, 분노 등 상대방의 다양한 감정을 눈빛과 표정으로 인지하고 적절하게 반응하는 과정은 사회적 공감 능력과 타인을 이해하는 능력을 키우는 데 필수적입니다. 이러한 경험이 쌓이면 아이는 또래 관계에서 갈등을 해결하고 협력하는 방법을 자연스럽게 익힐 수 있고, 나아가 복잡한 사회 속에서 조화롭게 살아가는 데 필요한 사회적 기술을 습득하게 됩니다.

아이의 눈을 마주 보며 경청하고 반응하는 부모의 태도는 아이에게 자신의 생각과 감정이 존중받고 있다는 느낌을 줍니다. '나는 내 생각을 말할 수 있는 사람이다' '내 의견은 가치 있다'라는 건강한 자존감은 이러한 경험이 반복되면서 단단하게 자라납니다. 그리고 이는 아이가 스스로를 긍정적으로 인식하고 세상에 대한 자기 확신을 갖는 데 결정적인 영향을 미칩니다. 이렇게 자라난 자존감은 아이가 실패와 좌절을 겪을 때에도 다시 일어설 수 있는 내면의 힘이 되어 주며, 주도적이고 능동적인 삶을 살아가는 데 중요한 원동력이 됩니다.

그뿐만 아닙니다. 아이와의 눈 맞춤은 학습효과 면에서도 긍정적인 영향을 미칩니다. 눈을 보며 대화할 때 아이의 집중력은 자연스럽게 높아집니다. 시선을 고정하고 상대방의 말과 표정에 온전히 집중하는 행위는 뇌의 주의 집중력을 활성화시키고, 이는 정보처리 및 기억력 향상으로 이어집니다. 부모가 아이의 눈을 보며 책을 읽어 주거나 대화할 때, 아이는 이야기의 내용과 정보를 더 효과적으로 흡수하고 기억할 수 있습니다. 이러한 집중력과 기억력의 향상은 학령기에 이르러 학업성취에도 긍정적인 영향을 미치게 되고요. 수업 시간에 선생님의 눈을 마주 보며 경청하는 아이는 그렇지 않은 아이보다 학습 내용을 더 잘 이해하고 오래 기억할 가능성이 높습니다. 결과적으로 아이 콘택트는 학업성취에도 직·간접적으로 기여하는 중요한 요소라고 할 수 있습니다.

이처럼 아이와의 눈 맞춤은 단순히 '바라보는 행위'를 넘어, 아이의 정서적 안정, 사회성 발달, 자존감 형성, 그리고 인지능력 향상에 지대한 영향을 미치는 강력한 소통 도구입니다. 그러니 우리 아이의 건강하고 행복한 성장을 위해 의식적으로 눈을 마주 보고 소통해 주세요.

디지털 시대, 아이 콘택트의 위기

최근 아이 콘택트의 중요성이 더욱 부각되는 배경에는 다름 아닌 스마트폰 사용의 영향이 큽니다. 나날이 발전하는 기술과 엎친 데 덮친 격으로 코로나 시기를 겪은 탓에 이제 우리는 직접 사람들을 대하기보다 키오스크나 앱으로 주문을 하고 비대면으로 사람들과 의사소통하는 데 더 익숙해지고 말았죠. 우리 아이들 역시 실제 사람의 얼굴보다 화면을 통해 소통하는 데 익숙해져 타인과 눈을 맞추는 일을 무척이나 어색해하는 경향을 보이고 있습니다. 저 역시 학생들이 수업 시간에 저를 직접 쳐다보는 비중이 줄어 가고 있음을 느낍니다. 줄곧 노트북만 바라보다가 이따금씩 저를 쳐다보는 식이랄까요.

SNS로는 밤새 재잘대지만, 막상 만나면 서로 눈을 피하는 아이들의 모습이 더는 낯설지 않은 오늘날. 그런데 이대로 괜찮을까요? 이런 현상이 지속되면 미래의 아이들은 점점 소통 능력 부재로 곤란을 겪게 될 것입니다. 그리고 이럴 때일수록 부모의 역할이 중요합니다. 부모가 먼저 의식적으로 아이와 눈을 맞추며 대화하는 습관을 길러 주는 것은 단순히 말하기 기술을 가르치는 차원을 넘어, 아이의 미래를 위한 가장 확실한 투자가 될 테니까요. 이때 조심할 점이 있습니다. "눈 좀 보고 말해!"처럼 강압적인 태도로 아이를 대하거나 억지로 시선을 맞추려 하면 대화는 외려 부자연스러워지고 흐름이 끊기고 맙니다. 아이와의 대화 연습은 첫째도 둘째도 '자연스러움'이 먼저입니다. 그렇다면 어떻게 아이와 자연스럽게 시선을 맞추는 연습을 할 수 있을까요? 아래에 나온 단계별 아이 콘택트 방법을 보고 한번 따라 해 보세요.

실전 예시

단계별 아이 콘택트 방법

○ 1단계: 편안한 상황에서 시작하기

- 유치원 및 초등학교 저학년: 아이가 좋아하는 이야기를 할 때 자연스럽게 눈 맞추기, "엄마 눈동자가 무슨 색으로 보여?" 같은 재미있는 질문으로 시선 유도하기, 칭찬할 때 부드럽게 눈을 마주 보며 이야기하기 등.
- 초등학교 고학년 및 중고등학생: 진지한 대화나 상담할 때 자연스럽게 시선 맞추기, '네 얘기를 정말 잘 듣고 있어'라는 메시지를 눈으로 전달하기, 칭찬이나 격려할 때 진심이 담긴 시선으로 바라보기 등.

○ **2단계: 대화 중 짧은 아이 콘택트 연습**

처음부터 긴 시간 동안 눈을 맞추려고 하지 마세요. 짧은 순간들을 연결해서 자연스러운 리듬을 만드는 것이 중요합니다.

- 유아 및 초등학생: "정말?"이라고 반응할 때 잠깐 눈 맞추기, "민수야, 오늘 학교에서 (눈 맞춤) 제일 재미있었던 게 뭐야?"처럼 중요한 단어를 말할 때 시선으로 강조하기, 질문을 던지고 답을 기다릴 때 눈 마주 보기 등.

- 중고등학생: 자신의 의견을 강조할 때 시선으로 확신 표현하기, 상대방의 말에 공감할 때 고개를 끄덕이며 눈 맞추기, 질문에 답할 때 첫마디와 마지막 마디는 눈을 보며 말하기 등.

○ **3단계: 자연스러운 시선 처리 익히기**

눈을 계속 바라보고 있으면 외려 아이로 하여금 부담을 느끼게 할 수 있습니다. 적절히 시선을 다른 곳으로 돌렸다가 다시 마주 보는 식으로 자연스러운 패턴을 만들어 주세요.

▶ 기본 패턴: 눈 맞춤(2~3초) → 다른 곳 보기(1~2초) → 다시 눈 맞춤(2~3초)

상황별 적절한 시선 처리법

먼저 일대일 대화에서의 시선 처리 방법에 대해 알아볼까요. 초등학생의 경우, 그게 무엇이 되었든 한 가지 일에 오래 집중하는 게 어렵다는 사실을 인정해야 합니다. 친구들 사이에서는 편안하게 눈 맞춤을 하되, 어른들과 대화할 때만큼은 좀 더 길게 눈을 맞추는 연습을 하는 편이 좋습니다. 중고등학생으로 올라가면 이전보다도 조금 더 길게 눈을 맞추는 연습을 하면서 중요한 상황에서 자신감을 나타내거나, 주의를 집중시킬 수 있는 방법을 알려 주는 것이 좋습니다.

좀처럼 감이 오지 않는다면 예를 들어 설명해 볼까요? 우선 초등학생의 경우라면 친구와 이야기할 때는 대화의 50~60퍼센트 정도 시선을 맞추고, 중간중간 자연스럽게 주변을 둘러보는 정도가 좋습니다. 부모님과 대화할 때는 70퍼센트 정도 눈을 맞추는 편이 좋지만, 심리적으로 부담이 되는 이야기나 난이도가 높은 주제로 대화를 나눌 때에는 다른 곳을 보며 생각할 시간을 갖는 게 도움이 됩니다. 선생님과 대화할 때는 존중과 집중하는 태도를 보이기 위해 80퍼센트 이상 시선을 맞추는 편이 좋습니다.

중고등학생의 경우, 친구와 평범하게 대화할 때는 60~70퍼센트 정도 시선을 맞추고, 진지한 주제로 이야기할 때는 더 자주 눈을 맞추는 편이 좋습니다. 선생님과 상담할 때는 처음과 끝에 반드시 눈을 보며 인사하고, 대화 중에는 80퍼센트 이상 시선을 마주할 수 있도록 해야 합니다. 발표를 하는 상황에서는 질문을 들을 때와 답변할 때 모두 적극적으로 상대방과 아이 콘택트를 하는 편이 좋습니다.

여러 명과의 대화에서는 시선을 어떻게 처리하면 좋을까요? 초등학교의 모둠활동 시간이라고 가정해 봅시다. 이때 아이가 발표자라면 모든 친구들을 한 번씩 골고루 바라보며 이야기하다가, 누군가로부터 질문을 받게 되면 그 대상을 명확히 바라보며 말하는 편이 좋습니다. 상대가 이야기할 땐 그 친구와 눈을 마주치며 집중해 듣는 편이 좋고요.

어려운 상황에서도 시선을 피하지 않으려면?

아이와의 눈 맞춤 연습이 어느 정도 익숙해졌다면, 조금 더 난이도를 높여 어려운 상황에서도 시선을 피하지 않는 연습을 해 두는 것이 좋습니다. 어른들도 당황하면 시선 처리가 어려운 법인데, 아이들은 오죽할까요? 어려운 상황의 가장 일반적인 예는 '실수했을 때'입니다. 어린아이들은 발표를 하거나 자기 의견을 말하다가 '앗, 틀렸다!' 하고 깨닫는 순간 당황해서 목소리가 기어 들어가고 고개를 푹 숙이기 마련입니다.

이럴 때를 대비해 아이와 함께 '당황했을 때 3초 규칙' 같은 것을 만들어 보면 어떨까요? 이야기 도중 만약 실수한 것 같다면 ①일단 잠깐 눈을 감고 심호흡을 한번 한 뒤 ②다시 천천히 눈을 떠서 엄마나 아빠, 혹은 듣는 사람을 바라보며 ③"아, 다시 말씀드릴게요" 또는 "잠깐 생각이 안 났어요"라고 당당하게 말하는 것입니다.

이런 작은 연습이 쌓이면 아이가 중고등학생이 되었을 때 큰 힘을 발휘합니다. 실수를 감추려 하거나 당황한 기색을 보이는 대신, 듣는 사람과 자연스럽게 눈을 맞추며 "이 부분은 제가 다시 확인해 보겠습니다" 혹은 "아, 제 말이 틀렸네요. 정정하겠습니다"라고 침착하게 수정할 수 있게 됩니다. 오히려 이렇게 솔직하고 당당하게 대처하는 모습이 듣는 이에게 더 큰 신뢰를 주기도 하고요.

의견이 다를 때도 마찬가지입니다. 친구나 어른과 생각이 다를 때 이를 표현하는 것은 아이들에게 큰 용기가 필요한 일입니다. 이때 시선을 피하고 쭈뼛거리며 "저는… 아닌 것 같은데…"라고 말하면 그 의견은 힘을 잃기 쉽습니다. "저는 다르게 생각해요"처럼 말할 때는 부드럽지만 확신에 찬 시선으로 상대방을 바라보는 연습이 필요합니다. 상대를 쏘아보거나 공격적인 표정을 지으라는 말이 아닙니다. 그저 '나는 당신을 존중하지만, 내 생각은 이러합니다'라는 마음을 온화하지만 단단한 눈빛에 담아 표현하라는 것입니다.

아이 콘택트와 관련해서 고려해야 할 사항이 한 가지 더 있습니다. 그것은 바로 아이의 성향에 따라 편안하게 느끼는 시선의 강도가 다르다는 점입니다. 내향적이거나 예민한 아이라면 짧고 부드러운 아이 콘택트부터 시작해 점진적으로 레퍼토리를 늘려 가는 편이 좋고, 외향적인 아이라면 좀 더 적극적으로 시선을 교환하는 것도 괜찮습니다.

마지막으로 꼭 언급하고 싶은 부분이 있습니다. 우리 부모들 역시 아이와 대화를 나눌 때만큼은 되도록 휴대폰을 손에서 내려놓자는 것입니다. 우리가 휴대폰을 들고 있으면서 혹은 티비를 보고 있으면서, 동시에 아이와 진정성 있게 대화한다는 것은 어렵습니다. 요즘 아이들은 아주 어릴 때부터 유튜브를 시청하며 자란 세대들이라, 부모와 눈을 마주 보고 이야기하는 것을 부쩍 어색해하는 경향이 있습니다. 하은이도 처음

에는 유튜브를 보는 도중에 저와 아이 콘택트 하는 것을 무척 어려워했
거든요. 그래서 저는 먼저 아이와 함께 영상을 한 편 보고 화면을 잠깐
멈춘 뒤 아이의 눈을 부드럽게 바라보며 이야기했습니다. "이번 에피소
드 정말 재밌다. 엄마는 주리가 미인 대회에 나가서 연기했던 대사가 제
일 재밌었는데, 딸은 어떤 부분이 제일 재미있었어?"라고요. 그러자 아
이도 자연스럽게 저의 눈을 보며 말하기 시작했습니다.

예전에는 그렇게 제가 먼저 질문을 해야만 대답을 하던 아이가, 지금
은 "엄마, 나 좀 봐 봐. 오늘 있었던 재미있는 일 이야기해 줄게"라고 자
기가 먼저 말을 걸어올 정도로 아이 콘택트를 하면서 대화를 나누는 것
이 자연스러워졌습니다.

아이 콘택트는 말하기 능력의 기본기입니다. 하지만 강요해서는 안
되고, 아이가 편안하고 자연스럽게 느낄 수 있도록 도와주는 것이 최선
이지요. 문화적 배경과 개인의 성향을 고려해 매일 일상에서 조금씩 연
습하다 보면 어느새 아이의 눈빛에서 자신감과 진정성을 발견하게 될
거라고 믿습니다.

4

말하기의 기본, 차례대로 말하기

모든 말하기의 출발점

같은 내용을 발표하더라도 어떤 학생은 청중을 사로잡고, 어떤 학생은 청중을 지루하게 만들 뿐입니다. 무슨 차이일까요? 놀랍게도 이는 복잡한 수사법이나 화려한 언어 구사력이 아닌 '순서대로 말하는 능력'에 있습니다.

말을 잘하는 학생들의 이야기를 들어 보면 공통적으로 이야기에 명확한 구조가 있습니다. 무엇을 먼저 말할지, 또 그다음에는 무엇을 말할지 순서가 정해져 있고, 청중들은 자연스럽게 그 흐름을 따라가며 집중할 수 있죠. 반대로 말이 어수선한 학생들은 여기저기 이야기가 널을 뛰면서 결국 무슨 말을 하고 싶은지 알기 어렵습니다.

이는 비단 대학생들만의 문제가 아닙니다. 어린아이부터 성인에 이르기까지, 말하기에 어려움을 느끼는 사람들은 공통적으로 '생각나는 대로' 말하는 경향이 있어요. 머릿속에 하고 싶은 말은 많고, 그것을 체계적으로 정리해서 순서대로 전달하는 능력은 부족한 상황이랄까요.

혹시 아이가 "어제 친구랑 놀았는데, 아 그런데 그 전에 엄마가 화났었어요. 근데 친구가 재밌는 걸 가져왔는데…" 이런 식으로 시간과 공간을 넘나들며 이야기할 때가 있지 않나요? 사실 이는 아이들의 뇌 발달 특성을 고려하면 지극히 자연스러운 현상입니다. 어린아이들은 아직 정보를 머릿속에서 체계적으로 정리하는 능력이 충분히 발달하지 않았고, 그저 흥미로운 것들을 떠오르는 대로 신나게 말할 뿐이죠.

문제는 이런 '의식의 흐름'대로 말하는 습관이 성인이 되어서까지 이어질 수 있다는 점입니다. 아이에게 "순서대로 차근차근 말해 보렴"이라고 가르치는 일은 단순히 말을 천천히, 예쁘게 하도록 가르치는 것을 의미하지 않습니다. 여기에는 꼭 필요한 몇 가지 중요한 이유가 숨어 있습니다.

가장 먼저 흐름이 있고, 순서가 정리된 말하기는 듣는 사람의 입장에서도 훨씬 이해하기 쉽습니다. 우리 뇌는 정보가 체계적으로 정리되어 있을 때 이를 훨씬 편안하게 받아들입니다. "첫째는 이렇고요, 둘째는 저래요"처럼 순서가 있는 말은, 듣는 사람에게 '다음에 어떤 내용이 나올지' 미리 알려 주는 친절한 안내판과 같습니다. 반대로 이야기가 여기저기 중구난방으로 튀면 듣는 사람은 금세 길을 잃고 '이 사람, 지금 무슨 얘기를 하는 거지?'라며 혼란스러워하죠.

사실 순서대로 말하는 연습은 곧 '논리적으로 생각하는 연습'이기도 합니다. 순서대로 말을 하려면, 일단 머릿속 생각을 먼저 정리해야 하니까요. 무엇이 더 중요하고, 어떤 순서로 설명해야 상대방이 더 잘 알아들을 수 있을지를 고민하면서 자연스럽게 논리적인 사고력도 자라나는 것입니다.

이처럼 생각이 정리되면 아이로서도 말하기를 앞두고 자신감이 높아집니다. 머릿속에 무엇을 먼저 말하고, 이어서 어떻게 말할지 순서가 정해져 있으면 '어떡하지? 다음에 무슨 말을 해야 하지?' 같은 불안감이 크게 줄어듭니다. 자신만의 '말하기 지도'를 들고 있는 셈이니 당연히 더 당당하고 자신감 있게 이야기할 수 있습니다.

이렇게 다져진 능력은 아이의 삶 전반에 큰 도움이 됩니다. 순서대로 말하는 능력은 단순히 학교 발표 시간에만 도움이 되고 마는 기술이 아니에요. 친구와 조곤조곤 대화를 나눌 때, 토론을 할 때, 나중에 어른이 되어 면접을 볼 때 등 인생의 매 순간에 숨 쉬듯이 필요한 기본기입니다.

이유를 순서대로 말하는 연습

"하은아, 네가 왜 지금 게임을 해야 하는지 엄마를 설득해 볼래?" "딸, 네가 왜 지금 안 자고 놀고 싶은지 이유를 세 가지 말해 볼래?" 제 아이가 말귀를 알아듣고 저와 협상을 시도하게 된 즈음부터 제가 아이에게 여러 갈등 상황에서 하고 있는 질문입니다. 막무가내로 떼를 쓰는 것이 아니라 이유를 대어 논리적으로 저를 설득해 보라고 말이죠. 물론 큰 기대는 하지 않습니다. 대답은 거의 이런 식이거든요.

"나는 지금 로블록스 게임을 더 하고 싶어. 첫째, 재밌으니까. 둘째, 내가 좋아하니까. 셋째, 옆집 노라도 하니까." "나는 지금 안 자고 더 놀고 싶어. 첫째, 안 졸리니까. 둘째, 노는 게 재밌으니까. 셋째, 엄마도 아직 안 자니까." 거의 동어반복을 하는 수준이지만, 그래도 중요한 변화가 일어나고 있습니다. 아이가 자신의 생각을 '첫째, 둘째, 셋째'라는 순서를 가지고 말하고 있다는 점입니다. 내용은 아직 단순하지만, 구조적으로 말하는 틀을 익히고 있는 것입니다.

이런 연습을 통해 아이는 두 가지를 동시에 배우게 됩니다. 첫째로는 자신의 요구에는 반드시 이유가 있어야 한다는 것이고, 두 번째로는 그 이유들을 순서대로 정리해서 말해야 한다는 것입니다.

저 역시 똑같은 방식으로 응답합니다. "엄마는 네가 게임보다 숙제를 먼저 했으면 좋겠어. 첫째, 숙제를 먼저 해야 그다음에 마음 편하게 놀 수 있으니까. 둘째, 너는 이미 한 시간이나 게임을 했으니까. 셋째, 네 나이에는 아직 게임보다는 책을 보는 것이 두뇌 발달에 더 좋으니까." 이렇게 말하면 아이도 제가 무조건 "안 돼!"라고 소리 지르는 것이 아니기 때문에 차분하게 듣고 판단하려고 합니다. 그리고 무엇보다도 '말하기는 이런 식으로 하는 거구나'를 자연스럽게 학습하게 되죠.

'처음-중간-끝'의 구조 익히기

하은이가 얼마 전에 학급에서 '이 주의 학생'에 선정되었습니다. 여기에 선정된 학생은 수업 시간에 자신이 선택한 주제로 10분 정도 발표를 해야 한다고 하더라고요. 마침 하은이가 그 전주에 뉴욕에 다녀온 터라 이와 관련해서 이야기를 하고 싶어 했습니다.

남편은 당황해서 "뭐라고 준비시켜야 하지?"라고 물었지만, 저는 웃으면서 "구조를 생각하고 정리하면 쉽지"라고 답했습니다. 저는 이 주제를 듣자마자 다음과 같은 말하기 구조를 떠올렸습니다.

- 주제: 친구들에게 뉴욕 여행을 추천합니다.
- 서론: 지난 주말에 다녀온 뉴욕에 대해 소개하고 친구들에게 여행지로 추천하고 싶어요.
- 본론 1: 내가 뉴욕을 다녀온 이유(아빠가 여기에 살고 있어서).
- 본론 2: 뉴욕을 여행지로 추천하는 이유 ①(타임스퀘어, 센트럴파크, 자유의 여신상, 레고스토어 등 볼거리가 많다).
- 본론 3: 뉴욕을 여행지로 추천하는 이유 ②(로컬 피자집, 센트럴파크 옆 아이스크림 전문점, 동네 스시집 등 먹을 데가 많다).
- 결론: 뉴욕은 볼거리와 맛집이 많아 여행하기 좋아요. 만약 가게 되면 제가 추천한 곳들을 꼭 들러 보세요.

이렇게 서론-본론-결론(처음-중간-끝) 구조에 맞게 내용을 정하고, 본론에서 하고 싶은 이야기를 세 가지로 나누면 자연스럽게 하나의 완결된 발표 내용이 만들어집니다. 여기에 사진과 함께 좀 더 상세한 내용을 곁들이면 완벽한 10분짜리 발표가 되죠.

이런 구조는 발표뿐만 아니라 일상 대화에서도 활용할 수 있습니다. "오늘 학교에서 있었던 일을 처음-중간-끝으로 말해 볼래?" 같은 식으로 자연스럽게 구조화된 말하기를 연습시킬 수 있습니다.

○ **예시 1: 초등학교 저학년**

- 이유를 순서대로 말하는 연습: "네가 왜 〇〇를 하고 싶은지, 세 가지 이유를 말해 볼래?"(부모도 동일한 방식으로 세 가지 이유 제시) "엄마를 설득해 봐. 어떤 이유가 있니?"(감정적 반응 대신 논리적 설득 시도) 등.

- 일상 대화 구조화 연습: "오늘 학교에서 있었던 일을 '처음-중간-끝' 구조로 말해 볼래?" "네가 좋아하는 음식에 대해 '서론-본론-결론'으로 나누어 설명해 보자" 등.

○ **예시 2: 초등학교 고학년**

- 심화된 구조화 연습: "네 의견에 반대하는 사람은 뭐라고 할까?" "다른 방법은 없을까? 비교해 보자" "그렇게 생각하는 근거가 뭐야?" "예시를 들어 설명해 볼래?" 등.

- 체계적 발표 준비: 관심 주제 선정 → 자료 수집 → 구조화 → 청중을 고려한 내용 구성 연습, 발표 연습, 질의응답 시간을 포함한 완전한 발표 경험 체험해 보기 등.

○ **예시 3: 중고등학생**

- 고차원적 구조화 능력 키우기: '그 정보가 정말 믿을 만한가?' '다른 관점에서

서두르지 말고 아이의 속도에 맞출 것

가정에서 아이와 순서대로 말하기 연습을 꾸준히 해 나가기 위해, 부모로서 반드시 명심해야 할 부분이 있습니다. 꾸준할 것, 그리고 인내심을 가질 것. 이런 사고 습관은 하루아침에 형성되지 않습니다. "자, 연습 시간이야"라고 정해 두고 하는 것이 아니라, 매일 아침 아이와 옷을 고르는 순간부터 저녁에 오늘 있었던 일을 묻고 답하는 사소한 대화까지, 일상의 모든 순간을 자연스러운 연습의 기회로 삼아 주세요. 물론 처음에는 아이가 "그냥 재밌으니까" "친구가 하니까"처럼 같은 말만 중얼거리며 여러분을 답답하게 할지도 모릅니다. 이때 결코 실망하거나 아이를 다그쳐선 안 돼요. 아이 입장에서는 '왜라는 질문에 답하기 위해 순서를 가지고 말해야 한다'라는 것을 아주 자연스럽게 배우고 있는 시간이니까요.

그 대신 긍정적인 피드백을 들려주세요. 구조가 조금 어설프고 결론이 허무맹랑해도 그렇게 생각하고 말하려고 '시도'했다는 것 자체를 아낌없이 칭찬해 주세요. "와, 세 가지나 생각해 냈네!" "그렇게 순서대로 말해 주니까 훨씬 알기 쉽다!" "지난번보다 훨씬 정리가 잘됐는데?" 이런 구체적인 격려 한마디가 아이에게는 '다음에도 또 해 봐야지' 하는 가장 큰 동력이 됩니다.

마지막으로 아이의 속도에 맞춰 주세요. 초등학교 1학년 아이에게 어른 수준의 완벽한 논리를 요구할 수는 없습니다. 어린아이라면 그저 '좋아요, 싫어요'에서 그치지 않고 '왜 좋은지' 그 이유를 딱 한 가지만이라도 덧붙여 말할 수 있다면 충분합니다.

순서대로 말하는 능력은 아이가 앞으로 배울 모든 말하기의 든든한 기초가 됩니다. 이 기초가 탄탄해야만 아이는 이후 어떤 상황에서든 자신 있게 자기 생각을 펼칠 수 있는 사람으로 성장할 수 있어요. 논리적인 설명이든 창의적인 발표든 상대를 설득하는 소통이든 그 모든 것의 진짜 출발점은 바로 이 '차례대로 말하기'에 있습니다.

두 번째 수업

논리적이고 창의적인
말하기 능력 키우기

1

처음부터 주목받으며 시작하기

발표는 첫 30초가 모든 것을 결정한다

중학교 1학년인 민준이가 학교에서 돌아와 이런 말을 했습니다. "엄마, 오늘 발표했는데요. 내가 뭐라고 말하는데 아무도 안 듣는 것 같았어요. 그냥… 투명 인간이 된 기분이었어요." 혹시 우리 아이도 이런 경험을 했을까요?

발표는 단순히 준비한 내용을 전달하는 게 전부가 아닙니다. 발표자와 청중 사이에 보이지 않는 다리를 놓고, 그 위로 이야기가 흘러가도록 만드는 그 모든 과정이 바로 발표입니다. 그런데 많은 아이들이 이 다리 놓는 법을 배우지 못한 채 발표대 위에 홀로 서게 됩니다.

발표에서 가장 중요한 순간은 바로 첫 30초입니다. 이 짧은 시간 동안 청중은 무의식적으로 질문을 던지고 또 동시에 결정합니다. '이 사람이 나와 비슷한 경험을 했을까?' '내 상황을 이해하는 사람일까?' '나한테 의미 있는 이야기를 해 줄까?' '이 발표, 끝까지 들을 만한 가치가 있을까?' 우리 아이가 아무리 좋은 내용을 준비했어도, 이 질문들에 대한 답을 첫 30초 안에 보여 주지 못하면 청중의 마음은 순식간에 다른 곳으로 떠나 버립니다. 우리 뇌는 뻔한 패턴에는 더 이상 에너지를 쓰려 하지 않거든요. 반대로 '어? 이건 좀 다른데?'라는 신선한 자극에는 본능적으로 집중하게 되어 있고요. 그리고 이때 형성된 첫인상과 분위기는 발표가 끝날 때까지 이어집니다.

그래서 필요한 것이 바로 '다리 만들기'입니다. 청중의 마음속 벽을 허물고 '아, 이 사람 이야기 들어 볼 만한데?'라는 생각이 들게 만드는 것이죠. 그렇다면 이렇듯 화자와 청중 사이의 연결을 만드는 방법에는 어떤 것들이 있을까요? 복잡한 기법을 다 익힐 필요는 없습니다. 사실 핵심은 딱 세 가지거든요. 청중과 연결하기, 호기심 자극하기, 분위기 만들기. 이것만 제대로 알면 아이의 발표가 달라집니다. 지금부터 하나씩 살펴보도록 합시다.

청중과 연결되기: 거리를 좁혀라

먼저 발표의 도입부에 청중과 발표자가 함께 겪었거나 비슷하게 겪을 법한 경험을 제시해 볼 수 있습니다. 이는 공감의 다리를 놓는 것과 같습니다. '사실 우리, 비슷하잖아요?' 식으로 손을 내미는 것이죠.

솔직한 감정을 드러내는 것도 하나의 방법이 될 수 있습니다. 많은 아이들이 발표할 때 완벽한 모습을 보여야 한다고 생각합니다. 떨리면 안 되고, 실수하면 안 되고, 항상 자신감 넘쳐야 한다고 믿죠. 하지만 아이러니하게도 완벽한 척하는 순간 청중과의 거리는 더 멀어집니다.

청중을 사로잡는 진짜 힘은 솔직함에서 나옵니다. 자신의 고민, 두려움, 실수를 있는 그대로 드러낼 때 오히려 청중은 발표자를 더 신뢰하게 됩니다. '아, 저 사람도 나랑 같은 사람이구나'라고 느끼는 거예요. 여기서 중요한 포인트가 있습니다. 이 솔직함이 "나 못해요" "나 자신 없어요" 식의 자기 비하가 되어서는 안 됩니다. '나도 여러분처럼 고민하고 있어요. 그래서 함께 이야기를 나누고 싶어요'처럼 메시지를 전달하는 것과 자기 비하는 엄연히 다른 차원의 문제니까요.

때로는 현재 상황 자체를 솔직하게 인정하는 것만으로도 청중과 강력하게 이어질 수 있습니다. 청중이 지금 어떤 상태인지, 어떤 기분일지를 먼저 이해하고 공감해 주는 거죠. 이는 특히 발표하기에 좋지 않은 조건일 때 더욱 효과적입니다. 식사 후 졸린 시간이거나, 시험 기간 직전 같은 상황을 애써 무시하지 말고, 오히려 먼저 화제로 삼아 보는 겁니다. 이런 시작은 청중에게 '이 발표자는 우리의 상황을 이해하고 있구나' '우리를 배려하는구나'라는 인상을 주게 되고, 비로소 청중은 방어적인 태도를 내려놓고 발표자에게 한 걸음 다가서게 됩니다.

실전 예시

청중과의 연결을 만드는 세 가지 방법

○ 방법 1: 공감의 다리 놓기

▶ 새 학기 자기소개: "여러분, 새 학기 첫날 아침에 일어났을 때 느낌 아시죠? '올해는 정말 열심히 해야지!' 다짐하면서 '새로운 반 친구들은 어떤 애들일까? 나랑 잘 맞을까?' 기대하게 되잖아요. 사실 저도 비슷해요. 지금 여러분 앞에

이렇게 서서 설레기도 하고, 떨리기도 해요."

▶ 독서 감상문 발표: "솔직히 '독서 감상문 발표'라는 숙제를 받았을 때 어떤 책을 골라야 할지 정말 막막했어요. 너무 쉬운 책을 고르면 유치해 보일 것 같고, 그렇다고 어려운 책을 고르면 이해가 안 되고… 혹시 여러분도 책 고를 때 이런 고민 해 본 적 있지 않나요?"

○ 방법 2: 솔직한 감정을 드러내기

▶ 동아리 활동 발표: "이 발표를 준비하면서 제일 많이 했던 생각이 '내가 과연 다른 사람에게 도움되는 이야기를 할 수 있을까?'였어요. 동아리 부장이라는 이름이 있어서 뭔가 대단한 걸 보여 드려야 할 것 같은데, 사실 저도 시행착오를 거듭하고 있을 뿐이거든요. 그래서 오늘은 제가 실수하면서 배운 것들을 있는 그대로 나눠 볼까 합니다."

▶ 봉사활동 소감 발표: "처음 '봉사활동'이라는 말을 들었을 때 솔직히 부담스러웠어요. 뭔가 거창한 일을 해야 할 것 같고, 누군가를 도와준다는 게 상당히 부담이 되더라고요. 심지어 '내가 다른 사람을 도울 만한 사람인가?' 하는 의문도 들었고요. 근데 막상 해 보니까… 그런 건 전혀 중요하지 않더라고요."

○ 방법 3: 상황을 인정하기

▶ 오후 수업 시간 발표: "점심 먹고 나서 오후 2시… 솔직히 지금 제일 하고 싶은 게 뭐예요? 낮잠 자기, 맞죠? 사실 저도 지금 약간 졸려요. 그래서 오늘은 제가 좀 더 재미있게 준비해 봤습니다. 잠이 확 달아날 수 있도록 말이죠."

▶ 시험 기간 중 발표: "시험 2주 전인데 이렇게 시간 내어 들어 주셔서 정말 고맙습니다. 저도 중간고사 준비하느라 바빠서 사실 이 발표 준비가 무척 부담스러웠거든요. 여러분도 마찬가지일 거예요. 그래서 최대한 짧고 명확하게, 하지

만 꼭 필요한 내용만 준비했습니다. 5분 안에 끝낼게요."

▶ 온라인 수업에서의 발표: "화면 너머로 발표하는 게 참 어색하죠? 서로 눈도 잘 안 마주치고, 반응도 바로바로 안 보이고… 저도 처음에 화면을 켜기까지 상당한 용기가 필요했어요. 그래도 오늘 여러분과 이렇게라도 만나게 되어서 반갑습니다."

★ 청중과의 연결 만들기 실전 팁

- 질문으로 시작하기: "혹시 이런 경험 있으세요?" "여러분도 그런 적 있나요?"처럼 질문으로 시작하면 청중도 자연스럽게 자기 경험을 떠올리며 발표에 (직)간접적으로 참여하게 됩니다.

- 구체적으로 표현하기: "힘들었어요"보다는 "새벽 2시까지 준비하면서 '내일 망하면 어쩌지' 하는 생각에 잠을 이루지 못했어요"가 훨씬 생생하고 공감을 불러일으킵니다.

- 과장하지 않기: 진짜 느낀 감정, 진짜 있었던 일을 이야기해야 합니다. 꾸며 낸 이야기는 청중도 금방 알아챕니다.

- 늘어지지 않도록 주의하기: 연결 만들기는 발표의 입구일 뿐입니다. 30초에서 1분 정도면 충분합니다. 너무 길어지면 정작 전달하려는 메시지가 흐려질 수 있어요.

호기심 자극하기: 호기심이 가진 마법 같은 힘

"엄마, 오늘 제 발표 대박이었어요! 애들이 끝까지 집중해서 들었어요. 한 명도 안 졸고!" 초등학교 5학년인 서윤이가 발표를 마치고 집에 와서는 신이 나서 말합니다. 어떻게 된 일일까요? 서윤이는 발표를 이렇게 시작했다고 합니다.

"여러분, 우리 반 22명 중에서 지금은 있지도 않은 직업을 갖게 될 사람은 몇 명이나 될까요?" 순간 교실이 조용해졌답니다. 아이들은 서로 눈을 마주치며 손가락으로 숫자를 세기 시작했고, 교실 여기저기서 "5명?" "10명?" 하는 식으로 반응들이 터져 나왔답니다. 그러더니 다들 답이 궁금했는지 서윤이를 쳐다봤다고 해요. 이게 바로 호기심의 힘입니다.

인간은 궁금한 것을 참지 못하는 존재입니다. 한번 호기심이 생기면 그게 해소될 때까지 무심코 신경을 쓰고 말죠. 결말이 안 난 드라마가 계속 생각나고, 소설책을 덮지 못하고 밤새 읽게 되는 이유도 바로 이 때문입니다.

뇌과학자들은 이를 '정보 격차 information gap 이론'이라고 부릅니다. 우리 뇌는 '내가 알고 있는 것'과 '알고 싶은 것' 사이에 간극이 생기면 이를 메우려고 하죠. 마치 가려운 곳을 긁고 싶은 것처럼 궁금한 것을 알고 싶어서 견딜 수가 없어집니다.

특히 청소년들은 세상 모든 것이 궁금한 법입니다. '왜?' '어떻게?' '진짜?'라는 질문이 끊임없이 머릿속을 맴돕니다. 이 자연스러운 호기심을 발표의 시작에 활용하면 어떤 주제든 흥미롭게 만들 수 있습니다. 심지어 재미없을 것 같은 주제도 말이죠. 그렇다면 호기심을 자극하는 방법으로는 어떤 것들이 있을까요?

먼저 질문은 호기심을 자극하는 가장 직접적이고 강력한 방법입니다. 질문을 듣는 순간, 우리 뇌는 자동으로 답을 찾으려고 작동하기 시작합니다. 의도하지 않아도 저절로 생각하게 되는 거죠. 좋은 질문은 청중을 발표 안으로 끌어들입니다. 단순히 정보를 받아먹는 수동적인 존재가 아니라 함께 생각하고 답을 찾는 능동적인 참여자로 만들어 주는 거죠. 질문은 너무 어렵거나 복잡할 필요 없습니다. 외려 청중이 공감할 만하지만 어느 정도 예상 밖의 질문을 던지는 편이 좋아요. 이때 답을 바로 말하지는 말고 청중이 잠깐이라도 생각할 수 있도록 2~3초간의 여유를 주는 것이 중요합니다. "여러분은 어떻게 생각하세요?" "혹시 알고 계신가요?" 같은 질문을 들으면 사람들은 스스로 생각하게 되고, 저도 모르는 새에 발표에 집중하게 됩니다.

놀라운 사실을 제공해서 호기심을 불러일으키는 방법도 있습니다. 우리 뇌는 예상 밖의 정보를 만났을 때 가장 활발하게 반응합니다. 평범하고 예상 가능한 정보에는 '아, 그렇구나' 하고 넘어가지만, 놀랍거나 의외의 정보를 들으면 '잠깐, 뭐라고?' 하며 주의를 집중하게 되잖아요? 학교에서 아이들이 가장 좋아하는 선생님은 어떤 분인가요? 종종 재미있는 사실이나 신기한 이야기를 들려주는 선생님이죠. 발표도 마찬가지입니다.

또 작은 미스터리를 던져 궁금증을 일으키는 것도 방법입니다. 사람들은 이야기의 결말을 알고 싶어 합니다. 특히 뭔가 풀리지 않는 의문이나 궁금증이 생기면 그게 해결될 때까지 계속 관심을 갖게 되죠. 드라마가 절정에서 끊기면 다음 편이 너무 궁금하지 않나요? 추리소설을 읽다가 '범인이 누구지?'라면서 결말을 알기 전까지 책을 놓지 못한 적은 없나요? 발표도 마찬가지입니다. 처음에 작은 미스터리를 하나 던져 놓으면, 청중은 그 답을 알고 싶어서 끝까지 집중하게 됩니다. 여기서 주의할 점은 바로 답을 말하지 않는 겁니다. 대신 발표 과정을 통해 자연스럽게 답을 찾아가게 만드는 거죠.

실전 예시

호기심을 자극하는 세 가지 방법

○ 방법 1: 질문으로 시작하기

▶ 환경보호 관련 발표: "지금 여러분이 손에 들고 있는 플라스틱 물병, 이게 완전히 분해되는 데 몇 년이 걸릴까요? 한번 생각해 보세요. 10년? 50년? 아니면 100년? (잠시 멈춤) 정답은… 450년입니다. 여러분이 태어나기 450년 전이면 조선시대 중기예요. 그때 누군가가 버린 플라스틱이 있었다면, 지금도 그대로 있을 거라는 의미죠."

○ 방법 2: 놀라운 사실 제시하기

▶ 스마트폰 사용 관련 발표: "우리가 스마트폰을 하루에 몇 번이나 확인하는지 아세요? 평균 96번이래요. 깨어 있는 시간이 16시간이라면 10분마다 한 번씩 핸드폰을 보는 거예요. 근데 더 무서운 건, 그중 70퍼센트는 실제로 알림이 온 것도 아닌데 그냥 습관적으로 본다는 거예요."

★ **놀라운 사실을 효과적으로 전달하는 비결**

- 비교하기: 숫자만 말하면 와닿지 않습니다. '450년'보다 '조선시대부터 지금까지'가 더 실감 나죠.

- 구체적으로 표현하기: '많아요'보다 '3만 개' 쪽이 훨씬 임팩트가 있습니다.

- 개인에게 연결하기: '청소년들은'보다 '여러분은' 이라고 말하는 쪽이 더 직접적으로 와닿습니다.

- 간단한 출처 표기: "하버드 대학교 심리학과 존 스미스 교수가 2023년에 자신의 동료 연구팀과 함께 학술 잡지 《네이처》에 발표한 연구에 따르면…" 이렇게 길게 말할 필요 없습니다. "하버드 대학교의 심리학 연구에 따르면"이면 충분해요. 너무 상세한 출처는 오히려 흐름을 끊습니다.

○ 방법 3: 미스터리 만들기

▶ 학습법 발표: "우리 반에 두 친구가 있어요. 민수는 매일 저녁 7시부터 10시까지 3시간 동안 책상 앞에 앉아 있어요. 정말 열심히 공부하죠. 그렇지만 시험 성적은 70점대예요. 지훈이는 하루에 딱 1시간만 공부해요. 가끔은 30분도 안 할 때가 있대요. 그런데 신기하게도 시험 성적은 항상 90점 이상이에요. 대체 이 둘 사이에 무슨 차이가 있는 걸까요? 지훈이가 머리가 더 좋아서? 아니에요. 민수도 충분히 똑똑한 아이거든요. 그럼 뭐가 다른 걸까요?"

★ **미스터리를 효과적으로 만드는 비결**

- 변화를 보여 주기: "예전에는 이랬는데, 지금은 이래요"처럼 비포 애프터를 각각 소개 후 비교하세요.

- 대조 만들기: 두 가지를 비교하면서 '왜 다를까?' 하는 물음을 만들어 보세요.

- 개인적인 경험 활용: "실제로 제가 경험해 본 바에 따르면" 식으로 소개하면 더 진짜처럼 느껴집니다.
- 감정 담기: 단순한 사실이 아니라 "정말 놀랐어요" "믿을 수 없었어요" 같은 감정 표현을 더하면 청중도 보다 더 몰입할 수 있습니다.

분위기 만들기: 분위기가 메시지를 결정한다

초등학교 2학년인 준서가 반 친구의 할머니 빈소를 다녀온 후 엄마에게 물었습니다. "엄마, 나 내일 학교에서 위로의 말 발표하래. 근데… 어떻게 말해야 해?" 평소에는 발표를 좋아하던 아이였는데, 이번만큼은 어떻게 시작해야 할지 막막한 모양이었습니다. "평소처럼 '안녕!' 하고 밝게 시작하면 이상하잖아요. 그렇다고 너무 무거운 분위기로 얘기하면 친구가 더 슬퍼할 것 같고…." 준서의 고민은 정확했습니다. 발표의 성공 여부는 내용뿐만 아니라 '분위기'에도 달려 있거든요.

같은 내용이라도 어떤 분위기에서 전달하느냐에 따라 청중의 반응은 완전히 달라집니다. 진지한 내용을 너무 가볍게 다루면 그 중요성이 제대로 전달되지 않습니다. "우리 학교에 큰 문제가 있는데요"라고 장난스럽게 웃으며 시작하면 아무리 심각한 내용이어도 청중은 진지하게 받아들이지 않죠. 반대로 가벼운 내용을 너무 무겁게 다루면 청중은 부담스러워하고 긴장하게 됩니다.

분위기는 말의 첫 톤, 표정, 목소리의 높낮이, 심지어 서 있는 자세에 따라서도 달라집니다. "안녕하세요"라는 똑같은 인사말도, 밝게 웃으며 말하는 것과 차분하게 고개 숙여 말하는 것은 완전히 다른 느낌을 줍니다. 특히 초등학교 저학년 아이들은 아직 발표 경험이 많지 않기 때문에 상황에 맞게 분위기를 형성하는 데 어려움을 겪습니다. 게다가 발표는 항상 크고 밝게 해야 한다고 생각하는 아이들도 많죠. 하지만 때로는 상황에 맞게 차분하고 정중하게 발표를 할 필요도 있습니다. 상황에 맞게 변화를 줘야 한다는 것을 아이에게 이해시키는 것이 중요하다는 겁니다.

발표를 준비할 때는 내용만큼이나 '어떤 분위기로 시작할까?'에 대해 진지하게 고민해야 합니다. 발표의 목적이 무엇인지, 청중이 누구인지, 어떤 상황인지를 종합적으로 고려해서 적절한 분위기를 조성해야 한다고 알려 주세요.

같은 반 친구들 앞이나 조별 발표에서 동화 구연이나 책 소개를 할 때는 친근하고 편안한 분위기를 만드는 게 좋습니다. 특히 청중과 발표자 사이의 거리를 좁히고 싶을 때, 서로 부담 없이 소통하고 싶을 때는 격식을 낮추고 친구와 대화하듯 자연스럽게 시작하는 것이 포인트입니다. 딱딱한 인사말보다는 편안한 말투로, 때로는 자신의 솔직한 감정이나 경험을 먼저 꺼내면서 '나도 너희와 똑같아'라는 메시지를 전달해 주세요. 약간 긴장한 모습, 살짝 실수하는 모습을 보여도 괜찮습니다. 청중은 '완벽한 사람'보다 '나와 비슷한 사람'에게 마음을 더 쉽게 여는 법이니까요.

선생님이나 부모님 앞에서, 학예회나 졸업식 같은 공식적인 행사에서 감사의 마음을 전할 때는 정중하고 진지한 분위기를 만들어야 합니다. 마찬가지로 조금 무겁거나 중요한 주제를 다룰 때도 이런 분위기가 필요하고요. 이런 분위기에서는 청중에 대한 감사나 존중을 먼저 표현하고, 발표의 중요성이나 의미를 명확히 밝히는 편이 효과적입니다. 로봇처럼 암기한 멘트를 읊는 게 아니라 진심 어린 마음을 정중한 언어로 표현하는 것이죠. 정중한 분위기가 '딱딱함'과 다른 점은, 격식은 있지만 따뜻한 마음이 느껴진다는 부분입니다.

운동회, 학예회, 장기자랑, 재미있는 게임이나 활동을 소개할 때는 활기차고 에너지 넘치는 분위기가 좋습니다. 친구들을 움직이게 하거나, 함께 참여하게 하거나, 즐거운 분위기를 만들고 싶을 때 효과적이며 열정과 긍정적 에너지를 몸과 목소리로 전달하는 것이 포인트입니다. 활기찬 분위기의 핵심은 '함께 만드는 즐거움'입니다. 발표자 혼자 신나는 게 아니라, 청중도 함께 신나게 만드는 거죠. 청중의 반응을 유도하고, 박수나 환호를 이끌어 내 발표자의 에너지가 청중에 전염되는 것이 중요합니다.

실전 예시

상황별 분위기 조성법

○ **예시 1: 친근하고 편안한 분위기**

▶ 좋아하는 책 소개 발표: "안녕, 친구들! 나는 박지우야. 오늘은 내가 제일 좋

아하는 책을 소개하려고 해. 사실 나 원래 책 읽는 거 별로 안 좋아했거든? (웃으며) 그런데 이 책을 읽고 나서 생각이 바뀌었어. '어? 책도 재밌을 수 있구나!' 하고. 나처럼 책 읽기 싫어하는 친구들 많지? 그래도 이 책은 분명 마음에 들 거야!"

★ 친근한 분위기를 만드는 구체적 방법

존댓말과 반말을 자연스럽게 섞어 사용하기(저학년은 친구들끼리 반말도 가능), 자신의 솔직한 경험을 먼저 이야기하기, 청중에게 직접 질문 던지기("너희도 그렇지?"), 웃으며 시작하기, 손 흔들기, '우리' '같이' 같은 단어로 친근감 만들기 등.

○ 예시 2: 정중하고 진지한 분위기

▶ 학부모 참관 수업 발표: "안녕하세요. 저는 2학년 3반 김소율입니다. 오늘 바쁜 가운데 저희를 보러 와 주신 부모님들께 감사드립니다. 오늘은 제가 학교에서 배운 것 중 가장 신기했던 것을 발표하려고 합니다. 처음에는 어려웠는데, 선생님께서 친절하게 가르쳐 주셔서 이제는 잘 알게 되었습니다. 부모님들도 재미있게 들어 주시면 좋겠습니다."

★ 정중한 분위기를 만드는 구체적 방법

존댓말을 사용하기(저학년도 어른에게는 존댓말 사용), '감사합니다' '고맙습니다'로 시작하기, 차분하고 또렷한 목소리로 말하기, 고개 숙여 인사하기, 과도한 몸짓 사용은 자제하고 바른 자세 유지하기, 차분한 미소 짓기 등.

○ 예시 3: 활기차고 에너지 넘치는 분위기

▶ 학예회 사회: "안녕하세요, 친구들! (큰 목소리로 손 흔들며) 저는 3학년 1반 이준

호예요! 오늘 우리 학예회 사회를 맡았어요! 여러분, 오늘 정말 신나지 않아요? 우리가 1년 동안 기다려 온 날이잖아요! (잠시 멈추고 친구들을 둘러보며) 다들 준비 됐나요? 손 한번 들어 볼까요? (친구들 반응 기다리기) 우와, 다들 준비 완료! 좋아요! 그럼 지금부터 재미있는 공연이 시작됩니다! 모두 함께 즐겨 봐요!"

★ 활기찬 분위기를 만드는 구체적 방법

평소보다 조금 더 큰 목소리로 시작하기, 밝은 표정으로 손 흔들기, 점프 같은 몸짓 사용하기, "준비됐어?" "할 수 있지?"처럼 친구들에게 직접 질문하고 반응 유도하기, 짧고 쉬운 문장 사용하기, '같이' '우리 모두' '지금' 같은 단어로 즉각성 만들기, 박수 치거나 손 들기를 유도하는 멘트 넣기 등.

2

이야기를 알기 쉽게 설명하기

아이들이 가장 어려워하는 것: 생각을 명확하게 전달하기

"엄마, 오늘 과학 시간에 배운 건데 말이야…" 초등학교 2학년 민준이가 신나게 이야기를 시작합니다. 그런데 이어지는 말은 뒤죽박죽입니다. "그러니까… 물이… 아니 얼음이… 음… 그냥 변하는 거야!"

어쩐지 낯익은 모습이라고요? 아마 많이들 보셨을 테지요. 아이는 분명히 무언가를 알고 있고 그것을 전달하고 싶어 하는데, 이를 말로 표현하는 과정에서 꼬이고 만 겁니다.

사실 이는 너무나 자연스러운 현상입니다. 아이들은 매일 새로운 것들을 흡수하지만, 알고 있는 것과 설명할 수 있는 것은 완전히 다른 능력이기 때문입니다. 머릿속에 있는 생각을 다른 사람이 이해할 수 있도록 체계적이고 명확하게 전달하는 일은 때때로 성인도 어려워하는 고급 기술입니다.

특히 초등학교 시기의 아이들은 아직 논리적 사고가 충분하게 발달하지 않은 까닭에 자신이 알고 있는 것과 상대방이 모르는 것을 구분하기 어려워합니다. 또한 시간 순서나 인과관계를 정리해서 설명하는 것도 쉽지 않습니다.

하지만 바로 이 능력이야말로 아이들의 학업성취(도)를 크게 좌우합니다. 구조화 능력은 교과서 내용을 이해하고, 문제를 풀고, 답안을 작성하는 모든 과정에 반드시 필요하니까요. 무엇보다 이 시기에 배운 구조화 습관은 평생을 간다 해도 과언이 아닙니다. 학교에서의 발표, 친구들과의 대화, 나아가 성인이 되어서의 업무 회의, 프레젠테이션까지 모든 의사소통의 기본이 됩니다.

그렇다면 어떻게 해야 우리 아이들이 복잡한 내용도 쉽고 명확하게 설명할 수 있을까요? 수많은 방법들이 있지만, 핵심은 세 가지 기본기에 있습니다. 구조화해서 말하기, 구체적인 예시 활용하기, 마지막으로 상대방의 수준에 맞춰 이야기하기입니다. 이 세 가지만 제대로 익혀도 아이는 자신의 생각을 훨씬 명확하고 설득력 있게 전달할 수 있게 됩니다.

아이의 말에 뼈대 세우기 ① 결론부터 말하기

구조화해서 말하는 능력은 특별한 재능이나 타고난 능력이 아닙니다. 체계적인 연습과 부모의 적절한 도움만 있다면, 모든 아이가 자신의 생각을 명확하게 전달하는 방법을 익힐 수 있습니다. 지금부터 소개할 3단계 구조화 방법은 가정에서 쉽게 연습해 볼 수 있으면서도 효과가 검증된 방법입니다. 어렵지 않습니다. 가장 먼저 '결론부터 말하는 연습'을 시키세요.

한국 사회에서는 맥락을 충분히 설명하고 마지막에 결론을 말하는 경우가 많습니다. 어른들끼리는 이것이 예의 바른 표현으로 받아들여지기도 하죠. 하지만 아이들에게는 먼저 직접적이고 명확한 표현을 가르치는 것이 더 중요합니다. 결론을 먼저 말하면 듣는 사람은 전체 그림을 미리 파악할 수 있습니다. 마치 퍼즐 상자의 완성된 그림을 보고 조각을 맞추는 것처럼, 이후에 나오는 설명을 더 쉽게 이해할 수 있죠. 아이가 학교에서 친구와 다툰 일을 설명하는 상황이라고 가정해 봅시다.

- 구조화 이전: "오늘 쉬는 시간에 성호가 나한테 연필을 빌려 달라고 했는데, 그래서 안 된다고 했더니 성호가 '진짜 못됐다'라고 했어. 하필 새 연필이라서 빌려주기 싫었어. 그런데 성호가 자꾸 달라고 해서 나도 화가 났어. 그래서 나도 '네가 더 못됐어'라고 했어. 그러니까 성호가…"

이렇게 설명하면 부모는 한참을 들어도 도대체 무슨 일이 일어났는지, 지금 아이가 화가 난 건지 슬픈 건지조차 파악하기 어렵습니다. 아이로서도 이런 식으로 말하다 보면 자꾸 새로운 세부 사항이 떠올라 이야기가 더 길어지고 복잡해집니다.

- 구조화 이후: "엄마, 결론부터 말하면 오늘 성호랑 다퉜어요. 연필 때문이에요."

단 두 문장이지만, 부모는 아이에게 무슨 일이 있었는지 명확하게 알 수 있습니다. 그리고 이후 아이가 설명하는 세부 내용들을 '다툼의 경위'라는 틀 안에서 이해할 수 있게 됩니다. 그러니 아이가 이야기를 시작할 때 다음과 같은 문구로 시작하도록 자연스럽게 유도해 주세요. "가장 중요한 건…" "결론부터 말하면…" "간단히 말해서…" "한마디로 말하면…." 처음에는 부모님이 먼저 시범을 보이는 편이 좋습니다. "엄마가 오늘 있었던 일 이야기해 줄게. 결론부터 말하면 엄마 차가 고장 났어. 그래서 회사에 늦었지." 이렇게 부모가 일상에서 자연스럽게 결론부터 말하는 모습을 보이면, 아이는 억지로 배우는 것이 아니라 자연스럽게 이를 따라 하게 됩니다.

아이의 말에 뼈대 세우기 ② 이유와 근거 덧붙이기

결론부터 말하게 했다면, 그다음에는 '왜 그런지'를 설명할 차례입니다. 아이가 자신의 이야기에 이유와 근거를 덧붙일 수 있도록 유도해 주세요.

- '왜냐하면'의 힘: "왜냐하면 성호가 새 연필을 빌려 달라고 했는데, 저도 아직 한 번도 안 써 본 거라 빌려주기 싫었거든요. 그런데 성호가 계속 달라고 해서 거절했더니 화를 냈어요. 그래서 결국 다퉜어요."

이제 부모는 아이가 왜 다퉜는지, 어떤 마음이었는지를 훨씬 더 잘 이해할 수 있습니다. 아이들 역시 이 단계를 통해 자신의 주장이나 결론을 뒷받침하는 논리적 사고를 기를 수 있고요.

이에 더해 '그냥' 대신 구체적인 표현으로 바꾸어 말할 수 있도록 도움을 주세요. 아이들은 종종 이유를 물어보면 "그냥" "별로" "모르겠어"라고 대답합니다. 이는 아이가 정말 몰라서 그렇다기보다는 자신의 감정이나 생각을 언어로 표현하는 방법을 아직 배우지 못해서 그런 것입니다. 이럴 때야말로 부모가 나설 차례죠. 다음의 예시를 함께 볼까요?

아이: "오늘 급식이 별로였어."

부모: "뭐가 별로였어?"

아이: "그냥 별로였어."

부모: "음, 맛이 이상했어? 아니면 네가 좋아하지 않는 반찬이 나왔어?"

아이: "아, 생선이 나왔는데 나는 생선 비린내를 못 참겠거든."

부모: "그렇구나! 그럼 이렇게 말할 수 있겠네. '오늘 급식이 별로였어. 왜냐하면 생선이 나왔는데, 나는 생선 비린내를 싫어하거든'이라고."

"왜 그렇게 생각했을까?" "그때 어떤 기분이 들어서 그랬을까?" "만약 네가 성호였다면 어떤 기분이었을까?" 이런 질문들은 아이에게 답을 알려 주는 것이 아니라, 아이 스스로 자신의 내면을 들여다보고 표현할 수 있도록 돕는 질문입니다. 무작정 아이를 다그치거나 답답해하지 말고, 위와 같은 질문으로 아이가 스스로 이유를 찾을 수 있도록 도와주세요.

아이의 말에 뼈대 세우기 ③ 완결성 있게 끝맺기

이렇듯 결론부터 이야기하고, 왜 그런지를 설명했다면 가장 마지막은 완결성 있게 끝을 맺어야겠죠? 이때 '그래서' '정리하면' '결국'과 같은 말로 전체 내용을 다시 한번 요약하면서 듣는 사람의 이해도를 확인하면 좋습니다. 이 단계에서 아이는 자신이 한 이야기를 되돌아보고, 가장 중요한 핵심이 무엇이었는지 다시 한번 생각하게 됩니다. 3단계 구조화 방법이 완벽하게 적용된 대화는 아래와 같은 흐름으로 진행됩니다.

- 1단계 결론부터 말하기: "엄마, 결론부터 말하면 오늘 성호랑 다퉜어요. 연필 때문에요."
- 2단계 이유와 근거 덧붙이기: "왜냐하면 성호가 제 새 연필을 빌려 달라고 했는데, 저도 아직 한 번도 안 써 본 거라 빌려주기 싫었거든요. 그런데 성호가 계속 달라고 해서 거절했더니 화를 냈어요."
- 3단계 완결성 있게 끝맺기: "그래서 지금은 성호와 사이가 안 좋아

요. 내일 학교에서 화해하고 싶어요.”

정리 단계에서는 과거의 사실뿐만 아니라 현재 상황과 앞으로의 계획까지 포함할 수 있습니다. 이를 통해 아이들은 단순히 일어난 일을 전달하는 차원을 넘어서, 문제를 인식하고 해결책을 생각하는 능력까지 기를 수 있습니다.

시간 순서대로 설명하기: 복잡한 과정을 한 걸음씩

구조화의 또 다른 방법은 '시간 순서대로 설명하기'입니다. 아이들은 종종 모든 것을 한꺼번에 쏟아 내려고 합니다. 이때 '먼저' '그다음' '마지막으로'와 같은 시간 표지를 사용하면 복잡한 과정도 비교적 명확하게 전달할 수 있습니다. 라면 끓이는 법을 설명하는 상황을 가정해 볼까요?

- 개선 전: "물 넣고 끓이고 면이랑 스프 넣고 젓가락으로 저어서 그릇에 담으면 돼!"

이렇게 말하면 듣는 사람은 숨이 막히고, 어느 것부터 해야 할지 막막합니다. 모든 단계가 똑같이 중요해 보여서 무엇을 먼저 해야 할지 알 수 없죠.

- 개선 후:

1. 먼저 냄비에 물을 넣어요.

2. 그다음 물이 끓을 때까지 기다려요.

3. 물이 보글보글 끓으면 스프와 면을 넣어요.

4. 면이 부드러워질 때까지 끓여요.

5. 마지막으로 그릇에 담으면 완성!

각 단계가 명확하고 순서가 분명하며 듣는 사람이 따라 하기 쉽습니다. 게다가 일상에서 연습할 만한 주제를 찾는 것도 쉬워요. 양치질하는 방법, 옷 입는 순서, 책가방 싸는 순서처럼 생활 습관을 설명하거나 학교에서 집까지 오는 길, 집에서 할머니 댁 가는 길처럼 길을 설명하거나 친구와 화해하는 과정, 동생과 사이좋게 지내는 방법 같은 관계와 감정을 설명하는 식으로도 얼마든지 연습할 수 있습니다.

아이가 구조를 갖춰 이야기하길 바란다면 앞으로는 "오늘 학교에서 뭐 했어?"라는 막연한 질문보다는 "오늘 체육 시간에 뭘 했는지 순서대로 말해 줄래?"라고 구체적으로 물어보세요. 아이가 순서를 헷갈려하면 "먼저 뭘 했지? 그다음은? 그 후에는?"하고 질문하며 자연스럽게 대답을 유도해 주세요. 구조화는 한 번에 완성되지 않습니다. 매일 조금씩, 자연스러운 대화 속에서 연습하다 보면 어느새 아이의 말에 명확한 뼈대가 생겨나는 걸 확인할 수 있습니다. 그리고 그 뼈대는 아이가 평생 사용할 귀중한 자산이 됩니다.

구체적인 예시 활용하기: 추상적인 것을 생생하게 만드는 기술

"오늘 학교에서 좋은 일 했어요!" 아이가 뿌듯한 표정으로 말합니다. "어떤 좋은 일인데?" 물어보면 아이는 "그냥 친절한 일이요"라고만 대답합니다. 더 자세히 물어봐도 "착한 일이요" "좋은 일이요" 같은 추상적인 말만 반복합니다. 부모는 결국 아이가 구체적으로 무슨 일을 했는지 알지 못한 채 대화가 끝나 버립니다.

아이들은 '좋다' '나쁘다' '재미있다' '슬프다' 같은 추상적인 단어를 곧잘 사용합니다. 하지만 정작 구체적으로 어떤 상황에서 그런 느낌(생각)이 들었는지, 무슨 일이 있었는지는 제대로 설명하지 못하는 경우가 많죠. 계속 이런 식으로 대화를 나누다 보면 부모도 답답하고, 아이도 "엄마는 내 말을 이해 못 해"라며 속상해합니다. 여기서 분명한 점은 아이가 자신에게 있었던 일이나 자신의 기분을 설명하지 않으려는 게 아니라는 겁니다. 다만 추상적인 개념을 구체적으로 (언어적으로) 풀어내는 방법을 아직 배우지 못한 것뿐이죠.

사실 아이의 머릿속에는 매우 생생한 장면이 있습니다. 넘어진 친구를 일으켜 세운 순간, 손을 잡아 준 그 느낌, 친구가 고맙다고 말하던 표정까지 모두 선명하게 기억합니다. 하지만 이 모든 것을 '친절'이라는 단 한 단어로 압축해서 말해 버립니다. 이것은 마치 HD 화질의 영화를 저화질 썸네일 하나로 보여 주는 것과 같습니다. 정보의 99퍼센트가 사라지고 1퍼센트만 전달되는 것이죠.

'친절하다'라는 말과 '넘어진 친구를 일으켜 주는 것'이라는 표현 둘 중 어느 것이 더 생생하게 와닿을까요? 당연히 후자입니다. 듣는 사람은 그 장면을 마치 눈앞에서 보는 것처럼 상상할 수 있고, 일으켜 준다는 행동의 의미 역시 정확하게 이해할 수 있죠.

구체적으로 예시를 들어 말하는 능력은 단순히 말을 풍성하게 만드는 기술을 의미하지 않습니다. 외려 이는 아이가 정말로 자신이 말하고자 하는 바(개념)를 이해했는지를 보여 주는 증거입니다. 이를테면 "정직이 중요해요"라고만 말하는 아이와 "정직이 중요해요. 실수로 동생 장난감을 망가뜨렸을 때 숨기지 않고 솔직히 말하는 거요"라고 말하는 아이를 비교해 볼까요. 후자의 아이는 정직이라는 추상적 개념을 실제 행동으로 연결하고 있습니다. 진정으로 이해하고 있는 것이죠.

구체적인 예시를 드는 능력은 모든 학습의 기초입니다. 이러한 능력은 '예를 들어 설명하시오'와 같은 고학년 단골 문제나 추상적인 주제를 구체적인 사건으로 이해하고 구체적인 사건에서 추상적인 교훈을 도출하는 독해력과도 밀접하게 연결됩니다. 또한 글쓰기 능력 및 일반적인 원리를 특정 상황에 적용하거나 관찰된 사례로부터 법칙을 발견하는 과학적 사고에도 필수적입니다. 그리고 이 역시 일상의 대화를 통해 충분히 연습할 수 있고요. 가장 쉬운 방법은 아이의 말끝에 "예를 들어?"라고 덧붙여 물어보는 것입니다. 이 간단한 질문 하나가 아이의 생각을 구체화하도록 도울 수 있어요. 아이가 '친절'이라는 개념을 설명하는 상황을 예로 들어 볼까요?

- 추상적 설명: "친절은 다른 사람에게 좋게 대하는 거야."

이 같은 설명만으로는 '친절'이 구체적으로 어떤 것인지 알기 어렵습니다. 개념은 알지만 실천 방법은 모호한 상태랄까요.

- 구체적 예시가 있는 설명: "친절은 다른 사람에게 좋게 대하는 거야. 예를 들어 넘어진 친구를 일으켜 주거나, 무거운 물건을 대신 들어 주거나, 아픈 친구를 보건실에 데려다주는 거야."

친절이라는 추상적 개념이 눈에 보이는 행동들로 그려지기 시작했죠? 이러한 설명을 듣게 되면 다른 아이들도 자신만의 친절을 실천할 수 있게 됩니다. 특히 초등 저학년은 구체적 사고에서 추상적 사고가 가능해지는 단계로 넘어가는 중요한 시기입니다. 이때 구체적인 예시와 추상적인 개념을 연결하는 능력을 길러 주면, 고학년이 되어 만나게 될 더 복잡한 개념들도 쉽게 이해할 수 있습니다.

이렇듯 추상적 상황을 구체적으로 생생하게 설명하기 위해 예시를 들 때, 하나의 예시보다는 서로 다른 영역의 여러 예시를 다양하게 들면 훨씬 더 효과적입니다. 왜 그럴까요? 하나의 예시만 들면, 듣는 사람은 그 개념이 특정 상황에만 해당한다고 생각할 수 있습니다. 하지만 여러 예시를 들면 그 개념의 본질을 더 깊이 이해할 수 있게 되죠. '협력'이라는 개념을 설명하는 상황을 예로 들어 볼까요?

- 단일 예시: "협력은 여럿이 함께 일하는 거야. 예를 들어, 청소할 때 역할을 나누어서 하는 거야."

위와 같은 설명을 들은 아이는 '협력 = 청소'라고 좁게 이해할 수 있습니다.

- 복수 예시: "협력은 여럿이 함께 일하는 거야. 예를 들어 청소할 때 역할을 나누어서 하는 것(일상생활), 모둠 과제를 할 때 각자 맡은 부분을 해 오는 것(학교생활), 축구할 때 팀원끼리 패스하는 것(놀이 활동) 등이 있어."

이로써 아이는 협력이 다양한 상황에 적용되는 넓은 개념임을 이해하게 됩니다. 청소, 공부, 운동 등 협력은 언제 어디서든 가능하다는 사실을 알게 되는 것이죠.

아이다운 비유 만들기

추상적인 것을 생생하게 만드는 기술에는 '비유'도 있습니다. 추상적이고 어려운 개념을 친숙한 것과 연결시켜 이해를 쉽게 만드는 것이죠. 특히 아이들이 잘 아는 것, 좋아하는 것으로 비유하면 그 효과는 배가 됩니다. 핵심은 아이의 세계에서 비유를 찾는 것입니다. 어른의 세계에서 좋은 비유가 아니라, 아이가 매일 접하고 좋아하는 것들에서 비유를 만들어야 합니다. 혈관의 역할을 설명하는 상황을 예로 들어 볼까요?

- 일반적 설명: "혈관은 피가 지나가는 길이야."

과학적으로는 맞지만, 아이의 상상력을 자극하기는 어려운 설명입니다.

- 아이의 눈높이에 맞춘 비유: "혈관은 우리 몸속 고속도로 같아. 빨간 자동차들(적혈구)이 산소라는 짐을 싣고 온몸을 따라 달리지. 그렇게 우리 몸의 모든 곳에 산소를 배달해 주는 거야."

이제 아이는 혈관을 단순히 관이 아니라 자동차가 다니는 고속도로로 상상할 수 있습니다. 적혈구는 배달 트럭이 되고, 산소는 배달할 짐이 됩니다. 추상적이던 개념이 생생한 이미지로 변한 것이죠.

아이의 관심사를 활용하는 방법도 효과적입니다. "인내심은 티라노사우루스가 먹이를 기다리는 것처럼…" "문장의 구조는 레고 블록을 차례대로 쌓는 것처럼…" "팀워크는 축구에서 패스하는 것처럼…" 식으로 공룡을 좋아하는 아이에게는 공룡으로, 레고를 좋아하는 아이에게는 레고로, 축구를 좋아하는 아이에게는 축구로 비유하세요.

반드시 부모가 완벽한 비유를 만들어 줄 필요는 없습니다. 오히려 아이가 자신만의 비유를 만들도록 격려하는 일이 더 중요합니다. "이 개념이 네가 좋아하는 것 중에 뭐랑 비슷할까?" "만약 이걸 네 동생에게 설명한다면 뭐로 비유할래?" 이렇게 부모가 질문하면서 아이들의 눈높이에 맞는 비유를 쓸 수 있도록 도와주세요.

당연한 말이지만 아이가 만든 비유가 완벽하지 않아도 괜찮습니다. 자신의 언어로 설명하는 과정 자체가 깊은 이해로 이어지기 때문입니다. 이처럼 구체적인 예시와 비유는 아이의 생각을 풍성하게 만들고 소통을 생생하게 만듭니다. 추상적인 개념을 구체적인 이미지로 바꾸는 연습을 통해 아이는 세상을 더 깊이 이해하고 더 명확하게 표현할 수 있게 됩니다.

실전 예시

개념별로 사용할 수 있는 친숙한 소재들

○ 예시 1: 동물을 활용한 비유

- 팀워크: 개미들이 함께 일하는 것처럼

- 인내심: 거북이가 느려도 꾸준히 가는 것처럼

- 준비의 중요성: 다람쥐가 겨울을 나기 전에 도토리를 모으는 것처럼

- 변화와 성장: 애벌레가 나비가 되는 것처럼

○ **예시 2: 음식을 활용한 비유**

- 다양성: 비빔밥처럼 여러 가지가 섞여야 더 맛있어

- 균형: 짜고 단 것을 적당히 먹어야 하는 것처럼

- 영양소: 우리 몸에 필요한 영양소는 음식의 재료 같아

- 조화: 김치찌개처럼 재료들이 어우러져야 맛있어

○ **예시 3: 놀이를 활용한 비유**

- 협력: 레고 블록처럼 하나하나 맞춰야 멋진 작품이 돼

- 연습의 중요성: 자전거 타기처럼 처음엔 넘어져도 연습하면 잘 타게 돼

- 우정: 진짜 친구는 좋아하는 장난감을 빌려주고 싶은 사람이야

- 순서의 중요성: 퍼즐처럼 순서를 잘 맞춰야 완성할 수 있어

○ **예시 4: 자연현상을 활용한 비유**

- 성장: 나무가 천천히 크는 것처럼

- 노력의 결과: 씨앗이 물과 햇빛을 받아 싹이 트는 것처럼

- 변화: 계절이 바뀌는 것처럼

- 순환: 물이 증발했다가 비가 되는 것처럼

상대방 수준에 맞추기: 진정한 소통의 시작

"그러니까 말이야… 이 게임은 레벨을 올려야 새로운 스킬을 '언락' 할 수 있고, 그러면 보스전에서 '딜'을 더 많이 넣을 수 있거든!" 초등학

교 2학년 민준이가 다섯 살 동생에게 신나게 게임을 설명합니다. 하지만 동생은 멍한 표정으로 형을 바라볼 뿐입니다. 민준이는 답답해합니다.

아이들은 종종 당연하다는 듯이 자신이 아는 걸 상대방도 안다고 믿습니다. 하지만 다섯 살 동생은 '레벨' '스킬' '언락' '보스전' '딜' 같은 게임 용어를 전혀 모릅니다. 형의 설명은 동생에게 마치 외국어처럼 들리는 것이죠.

말은 상대방이 이해할 때 비로소 완성됩니다. 많은 아이들이 '말하기'를 자기 생각을 소리 내어 표현하는 것 정도로 여깁니다. 하지만 진정한 의미의 말하기는 상대방이 이해하는 단계까지 다다라야 완성되는 것입니다. 아무리 정확하고 논리적으로 말해도, 듣는 사람이 이해하지 못한다면 이는 소통이라고 할 수 없습니다. 마치 한국어를 모르는 외국인에게 한국어로 열심히 설명하는 것과 같달까요.

• 말하기의 완성 공식:
말하기 = 내가 하고 싶은 말 + 상대방이 이해할 수 있는 방식

이 중에서 많은 아이들이 놓치기 쉬운 게 바로 두 번째 요소 '상대방이 이해할 수 있는 방식'입니다. 아이들은 어째서 상대방을 고려해 말하기를 어려워할까요? 발달심리학에서는 이를 '자기중심성'이라는 개념을 통해 설명합니다. 이는 아이가 이기적이라는 뜻이 아닙니다. 단지 다른 사람의 관점에서 세상을 바라보는 능력이 아직 완전히 발달하지 않

았음을 의미할 뿐이죠.

대개 이 능력은 초등 저학년 시기부터 발달하기 시작합니다. 이때부터 아이들은 서서히 자신의 관점에서 벗어나 다른 사람의 입장에서 생각해 볼 수 있게 됩니다. 물론 저절로 가능해지는 것은 아니기 때문에 의식적인 연습이 필요하고 경험도 쌓아야 하죠.

상대방의 수준에 맞춰 말하는 능력은 공감 능력의 원천이 됩니다. '상대방은 이것을 알까, 모를까?' '이 단어를 이해할 수 있을까?' '만약 이 이야기를 처음 듣는 경우라면 더 쉽게 설명하는 편이 좋을까?' 이렇게 한 번 더 생각하는 과정에서 아이는 자연스럽게 상대방의 입장을 고려하게 되고, 이는 나중에 친구 관계, 갈등 해결, 협력 학습 등 모든 사회적 상황에서 필요한 기본 능력이 됩니다.

> 엄마: "하은아, 네가 축구를 전혀 모르는 사람에게 '오프사이드'를 설명해야 한다면 어떻게 할래?"
>
> 하은: "음… 우선은 축구 규칙 중 하나라고 먼저 말해야겠네요."
>
> 엄마: "맞아! 그다음은?"
>
> 하은: "왜 그런 규칙이 있는지도 말해야 할 것 같아요. 그냥 규칙이라고만 하면 모르잖아요."
>
> 엄마: "정확해! 상대방이 배경지식이 없다는 걸 고려한 거네."

상대방의 수준에 맞춰 말하려면 메타인지도 필요합니다. 메타인지란

'생각에 대한 생각'으로, 자신의 사고 과정을 돌아보는 능력을 의미합니다. '내가 지금 사용한 이 단어, 상대방도 알까?' '내 설명이 너무 어려운 건 아닐까?' '좀 더 쉽게 말할 방법은 없을까?' 이런 식으로 자신의 말하기를 객관적으로 점검하는 능력이 바로 메타인지입니다. 이 능력은 학습에서도 매우 중요한데요. 자신이 무엇을 아는지, 무엇을 모르는지 정확히 파악할 수 있는 아이가 효과적으로 공부할 수 있기 때문입니다.

진짜 똑똑한 사람은 쉽게 설명한다

아인슈타인은 "어린 아이에게 설명할 수 없다면, 제대로 이해하지 못한 것"이라고 이야기한 바 있죠. 이는 단순히 쉬운 말을 사용하라는 뜻이 아닙니다. 상대방의 수준에 맞춰 쉽게 설명하기 위해서는 그 개념의 본질을 파악하고, 핵심을 명확히 알고 있어야만 합니다. 복잡한 용어 뒤에 숨는 것이 아니라 간단하고 명료한 언어로 본질을 전달할 수 있는 것, 그것이 진정한 이해의 증거입니다.

상대방의 수준에 맞춰 말하는 능력. 이는 인생의 어느 한 시기에만 필요한 것이 아닙니다. 평생 동안 필요하죠. 학교에서는 친구들에게 자신의 의견을 설명하고 선생님께 질문할 때는 궁금한 점을 명확히 전달하며, 듣는 친구들의 수준을 고려해 발표를 준비하는 그 모든 순간에 이 능력이 필요합니다.

일상생활에서도 마찬가지입니다. 우리는 필연적으로 다양한 연령대의 사람들과 대화하고 상황에 맞게 격식을 조절하기도 합니다. 또 갈등 상황에서는 상대방이 이해할 수 있게 설명해야만 하죠.

아이가 성장한 후로도 이 능력은 여전히 중요합니다. 면접에서 자신을 소개할 때는 면접관이 원하는 정보를 그들이 이해할 수 있는 방식으로 전달해야 하고, 직장에서 업무를 보고하고 설명할 때는 듣는 사람의 배경지식과 관심사를 고려해야 합니다. 나아가 리더가 되어 팀원들에게 방향을 제시할 때는 각 팀원의 역할과 이해 수준에 맞춰 명확히 소통할 수 있어야 합니다. 결국 '누구에게 말하는가'를 고려하는 능력은 단순한 말하기 기술을 넘어, 성공적인 관계 형성과 효과적인 협력, 그리고 리더십의 기초가 되는 핵심 역량이라고 할 수 있습니다.

초등 저학년 시기는 아이들이 의사소통 능력을 기르기에 가장 좋은 때입니다. 이 시기 아이들은 가족구성원들과 소통하며 다양한 관계 속에서 말하는 법을 배우고, 학교에서는 선생님과 친구들에게 맞춰 이야기하는 방법을 익힙니다. 또한 인지발달 단계상 타인의 관점을 이해하기 시작하며, 아직 사고가 유연한 까닭에 새로운 방식을 쉽게 받아들입니다. 무엇보다 동생에게 설명하거나, 할머니에게 학교 이야기를 들려주거나, 친구에게 놀이 방법을 알려 주는 등 일상생활 속에서 자연스럽게 연습할 기회가 많다는 장점이 있습니다.

○ **상황 : 아이가 키우는 햄스터에 대해 설명하기**

▶ 할머니께 설명할 때: "할머니, 햄스터는 아주 작고 귀여운 동물이에요. 손바닥만 해요. 해바라기씨를 좋아하고, 밤에 쳇바퀴를 돌려요."

→ 햄스터가 무엇인지부터 설명하고, 크기나 습성 등 기본적인 정보를 제공합니다. 할머니 세대는 햄스터를 키우는 일이 흔하지 않았기 때문에 이 동물이 어떤 동물인지부터 알려 드려야 합니다.

▶ 친구에게 설명할 때: "우리 집 햄스터 진짜 귀여워! 이름은 '뚱이'야. 볼주머니에 먹이를 가득 넣고 다니는 게 완전 웃겨!"

→ 햄스터에 대한 기본 설명은 생략합니다. 친구들은 이미 햄스터가 무엇인지 알고 있으니까요. 대신 구체적이고 재미있는 특징에 집중합니다. 또한 친구들이 공감할 수 있는 '귀여움'과 '웃김' 같은 요소를 강조합니다.

▶ 다섯 살 동생에게 설명할 때: "동생아, 햄스터는 아주아주 작은 쥐야. 하지만 무섭지 않고 정말 귀여워. 폭신폭신한 털이 있어서 만지면 기분 좋아."

→ 가장 쉬운 말로, 동생이 무서워하지 않도록 배려하면서 설명합니다. 쥐라는 친숙한 동물에 비유하되, "무섭지 않다"라고 안심시킵니다. 동생이 실제로 경험할 수 있는 촉감 표현('폭신폭신' '기분 좋아')을 사용합니다.

★ **핵심 원칙**

상대방이 이미 알고 있는 것은 설명을 생략하고, 모를 것 같은 내용은 쉽게 풀어 설명합니다. 상대방의 관심사나 감정을 고려해요.

어려운 말을 쉬운 말로 바꾸기

○ **상황: 일곱 살 지은이가 동생에게 자전거 타는 법을 설명하기**

▶ 바꾸기 전 설명: "페달을 회전시키면서 균형을 유지해야 해."

▶ 바꾼 후 설명: "페달을 발로 밟고 빙글빙글 돌려. 넘어지지 않게 조심하고!"

→ '회전시키다' '균형을 유지하다' 같은 표현은 다섯 살 동생에게 너무 어렵습니다. 그럴 땐 '빙글빙글' '넘어지지 않게'처럼 동생이 이해할 수 있는 일상 언어로 바꿔 설명하면 좋습니다.

★ **상대방의 수준에 맞춰 말하기 위한 다양한 연습 방법들**

- 역할 바꾸기: "네가 선생님이라면 이 수학 문제를 친구들에게 어떻게 설명할까?" "네가 동화책 작가라면 이 이야기를 유치원생들에게 어떻게 들려줄까?" 등.

→ 이런 질문을 통해 아이는 다른 관점에서 생각해 보는 연습을 합니다.

- 연령대 바꾸기: "할아버지께는 어떻게 말씀드릴까?" "유치원생에게는 어떻게 말해 줄까?" "중학생 형한테는 어떻게 설명할까?" 등.

→ 연령대가 다르면 어휘 수준, 배경지식, 관심사가 모두 다르다는 것을 자연스럽게 배웁니다.

- 상황 바꾸기: "처음 만난 친구에게는 어떻게 소개할까?" "이미 친한 친구에게는 어떻게 말할까?" "선생님께 여쭤볼 때는 어떻게 말할까?" 등.

→ 관계와 상황에 따라 말투와 내용을 조절해 말하는 연습입니다.

- 정보량 조절하기: "이 내용을 1분 안에 설명한다면?" "5분 동안 자세히 설명한다면?" 등.

→ 같은 내용을 두고서도 시간과 상황에 따라 핵심만 전달할지, 상세히 설명할지 조절하는 능력을 기릅니다.

- 그림과 도구 활용하기: 때때로 말과 몸짓만으로는 설명이 부족할 수 있습니다. 이럴 때 간단한 그림이나 주변에 있는 물건들을 활용하면 설명의 효과를 크게 높일 수 있습니다.

→ 지도를 그리거나 블록을 이용해서 건축물 구조를 설명하기 등.

- 오감을 활용한 표현: "차가운 얼음과 소금을 만져 봤는데 정말 시원했어요(촉각). 우유와 설탕을 섞을 때 달콤한 냄새가 났어요(후각). 계속 젓다 보니 팔이 아팠는데(통각), 얼음이 부딪히는 소리도 들렸어요(청각). 마지막에 먹어 보니까 부드럽고 달콤했어요(미각)."

→ "아이스크림을 만들었어요"라고 설명하는 것보다 훨씬 더 상대방이 함께 이해할 수 있는 표현 요소가 늘어납니다.

★ 효과적인 몸짓의 예

- 크기 표현할 때: 두 손으로 크기를 나타내기

- 방향 설명할 때: 손으로 방향 가리키기

- 감정 표현할 때: 얼굴 표정과 함께 몸의 움직임 사용하기

- 순서 설명할 때: 손가락으로 번호 나타내기

3

재미있게
끝맺기

좋은 끝맺음이 전체를 결정한다

아이가 신나게 이야기를 시작합니다. 체육 시간에 있었던 일, 친구들과의 대화, 점심시간의 에피소드까지… 부모는 고개를 끄덕이며 아이의 이야기에 빠져듭니다. 그런데 한참 재잘거리던 아이가 갑자기 "음… 어쨌든 재미있었어"라며 이야기를 흐지부지 끝내 버립니다.

부모는 "응? 그래서 어떻게 됐는데?"라고 되묻지만, 아이는 이미 다른 것에 관심이 옮겨 간 상태입니다. 부모로서는 아무래도 허탈해지지요. 그런데 이런 모습, 다들 꽤 자주 경험해 보지 않으셨나요? 신이 나서 미주알고주알 이야기하던 아이가 어느 순간 김이 확 빠진 듯 대충 이야기를 끝내고 마는 상황. 대체 왜 이런 일이 일어날까요?

아이들은 끝맺음을 어려워하는 경향이 있습니다. 좋게 시작했어도 마무리를 어떻게 해야 할지 몰라 당황하는 경우가 많지요. 그 이유는 크게 세 가지 정도로 정리할 수 있습니다.

우선 발달 단계상 초등 저학년 아이들은 논리적으로 사고하는 구조가 아직 자리 잡지 않은 상태입니다. 이야기를 하기에 앞서(또는 이야기를 함과 동시에) '시작-중간-끝'의 흐름을 의식적으로 구성하기 어려워하지요. 그들에게는 모든 순간이 똑같이 중요하고 흥미로워서 어디가 시작이고 어디가 끝인지 구분하는 것 자체가 어렵습니다.

또한 아이들의 주의력은 성인에 비해 현저히 낮습니다. 말하는 도중 새로운 생각이 떠오르거나 주의가 분산되면서 원래 하려던 이야기의 방향을 잃어버리는 일이 부지기수죠. "아, 맞다! 그리고…"라면서 자꾸만 새로운 가지를 치다가 본래의 길로 돌아오지 못하는 겁니다.

게다가 아이들은 신나는 일이 있으면 그 흥분을 표현하는 데 급급하달까 그것만으로 충분하다고 느낍니다. 그러다 보니 "어쨌든 재미있었어!"로 이야기가 끝나 버리는 거죠. 하지만 듣는 사람은 "그래서 어땠는데?"라는 궁금증이 남습니다.

하지만 좋은 끝맺음의 힘은 생각보다 훨씬 강력합니다. 영화를 떠올려 보세요. 두 시간 동안 중간이 다소 지루했어도 마지막 10분이 감동적이면 '정말 좋은 영화였어'라고 기억하게 됩니다. 반대로 내용은 훌륭했지만 결말이 애매하면 '뭔가 아쉬운 영화'로 남습니다.

발표와 대화도 마찬가지입니다. 끝맺음이 인상적이면 전체 이야기가 더 의미 있게 느껴지는 법이죠. 심리학에서는 이를 '최신효과Recency Effect'라고 부르는데, 가장 나중에 들은 정보를 가장 또렷하게 기억하는 우리 인간의 경향을 의미합니다.

발표 수업에서 마무리를 잘하는 아이는 같은 내용을 발표한 다른 아이보다 선생님과 친구들 모두로부터 더 높은 평가를 받습니다. 대화를 깔끔하게 끝맺는 아이는 친구들로부터 말을 재밌게 하고 설명을 잘한다는 평가를 받아 자연스럽게 더 많은 대화 기회가 주어지지요. 이렇듯 자신의 이야기를 멋지게 마무리할 수 있다는 것은 아이에게 큰 성취감을 줄 뿐만 아니라 '나는 내 생각을 제대로 전달할 수 있어'라는 자신감을 심어 줍니다.

멋진 끝맺음을 위해 우리 아이들이 기억해야 할 건 딱 세 가지입니다. 이야기를 구조적으로 정리할 것, 감정을 담아 마무리할 것, 상황에 맞게 표현할 것. 이 세 가지를 익히면 아이는 어떤 상황에서든 자신감 있고 인상적인 끝맺음을 할 수 있게 됩니다. 여기엔 특별한 재능이 필요하지 않습니다. 체계적이고 꾸준한 연습, 그리고 부모의 적절한 격려만 있다면 모든 아이가 따라 할 수 있어요. 그럼 각각의 방법을 조금 더 구체적으로 함께 살펴볼까요?

구조적으로 정리하기: 이야기를 완성하는 틀

"엄마, 오늘 과학 시간에 실험했어. 그런데 민수가 물을 쏟아서 다 망쳤어. 아니, 처음부터 다시 할 수는 있었는데 시간이 없었어. 그래서 선생님이 다음 주에 하자고 했어. 아, 근데 준비물도 다시 가져가야 해. 그게 뭐였더라…." 이야기는 계속되지만 정작 무슨 실험이었는지, 결과가 어땠는지, 아이가 어떤 기분이었는지 우리는 전혀 알 수 없습니다. 아이의 머릿속에는 과학 실험에 대한 기억이 생생하지만, 그것을 순서대로 정리해서 전달하는 데까지는 나아가지 못하고 있죠. 이것이 바로 구조의 부재가 만드는 혼란입니다.

아이들이 이야기를 제대로 끝내지 못하는 가장 큰 이유는 어디서 끝내야 할지 모르기 때문입니다. 머릿속에는 여러 가지 생각들이 뒤엉켜 어떤 순서로 정리해야 할지 혼란스럽습니다. 서랍을 정리할 때 마구잡이로 쑤셔 넣기만 한다면 나중에 물건을 찾기가 어렵듯 이야기도 마찬가지입니다. 구조라는 서랍이 있어야 생각을 체계적으로 담고 필요할 때 꺼내서 정리된 형태로 전달할 수 있습니다.

복잡하게 생각할 필요 없습니다. 세 가지 단계만 기억하면 어떤 이야기든 구조적으로 깔끔하게 정리할 수 있습니다. 그리고 이 단계들은 서로 연결되어 하나의 완성된 마무리를 만듭니다.

- 1단계: 핵심 내용 요약하기 → "결국 무슨 일이었지?"
- 2단계: 감정이나 배운 점 표현하기 → "나는 어떻게 느꼈지?"
- 3단계: 미래 계획이나 다짐 표현하기 → "앞으로는 어떻게 할까?"

이 세 단계는 과거(무슨 일)–현재(어떤 느낌)–미래(어떻게 할 것)를 자연스럽게 연결합니다. 단순한 사건 보고가 아니라 성장의 이야기로 완성되는 것이죠.

위와 같은 기본 3단계에 익숙해지면 더 세련된 기법들을 시도해 볼 수도 있습니다. 바로 수미쌍관과 대조 기법인데요. 먼저 수미쌍관 기법은 이야기의 시작과 끝을 같은 주제나 이미지로 연결하는 구성법을 의미합니다. 듣는 사람으로 하여금 '처음의 그 문제가 이렇게 해결되었구나' 식으로 직관적으로 정리해 주는 기능이 있지요. 대조 기법의 경우 "전에는 ~했지만, 이제는 ~해요" 식으로 '예전의 나'와 '지금의 나'를 대비시켜 성장과 변화를 극적으로 보여 주는 효과가 있습니다.

실전 예시

구조화해서 말해요

○ 예시 1: 친구와 다툰 이야기

- 구조화 이전: "그래서 그랬어요. 그냥… 음… 그런 일이 있었어요."

- 구조화 이후: "정리하면 오늘 성호와 다퉜지만 서로 이해하게 되었어요(1단계: 요약). 처음엔 정말 화가 났는데, 나중에는 성호도 기분이 안 좋았구나 싶더라고요. 역시 친구끼리는 서로 이해하려고 노력하는 게 중요한 것 같아요(2단계: 감정 표현과 깨달음). 내일은 성호한테 먼저 '안녕' 하고 인사할 거예요. 친구는 정말 소중하니까요(3단계: 미래 계획)."

○ 예시 2: 첫 무대 경험(수미쌍관 기법 활용)

- 시작: "6개월 전, 저는 무대 앞에서 떨리는 다리를 부여잡고 서 있었어요."

- 마무리: "그리고 오늘, 저는 다시 여러분 앞에 서 있습니다. 여전히 떨리지만, 이제는 그 떨림이 두려움이 아니라 설렘이라는 걸 알게 되었어요."

○ 예시 3: 팀워크 프로젝트(대조 기법 활용)

"프로젝트 초반에는 혼자서 모든 것을 해결하려고 했어요. 하지만 이제는 함께 만들어 가는 과정에서 더 큰 의미를 찾게 되었어요. '예전의' 저라면 완벽함만 추구했겠지만, '지금은' 협력이야말로 더 큰 성과를 만들어 내는 힘이라는 것을 알게 되었습니다."

★ 연습할 수 있는 표현들
- 요약 표현: "한마디로 말하면…" "정리하면…" "결국 가장 중요한 건…" "이 이야기의 핵심은…" 등.
- 감정 표현: "그때 내 기분은…" "이 일을 통해 알게 된 건…" "만약 다시 그런 일이 생긴다면…" "이제 와 생각해 보니…" 등.

감정을 담아 마무리하기: 마음을 전하는 기술

"오늘 수학 시험 잘 봤어요. 100점 받았어요." 아이가 담담하게 말합니다. 물론 좋은 소식이지만, 왠지 기계가 정보를 전달하는 것 같은 느낌입니다. 아이가 얼마나 기뻤는지, 시험을 준비하며 어떤 노력을 했는지, 그 과정에서 무엇을 느끼고 배웠는지 이것만으로는 전혀 알 수가 없습니다.

반면 이렇게 말하는 아이도 있습니다. "엄마, 수학 시험 100점 받았어요! 어젯밤에 엄마랑 같이 공부한 부분이 다 나왔어요. 문제 풀면서 '아, 이거 엄마가 알려 준 거!'라고 생각했어요. 정말 뿌듯했어요!" 같은 100점이지만 이 이야기에서는 아이의 기쁨이 생생하게 느껴집니다. 무슨 차이일까요? 바로 감정 표현의 유무입니다.

사람들은 사실보다 감정을 더 오래 기억합니다. "오늘 뭐 했어?"라는 질문에 구체적인 활동 내용은 잊어도 그때 느꼈던 기쁨, 슬픔, 설렘은 생생하게 떠오릅니다. 감정 표현이 중요한 이유는 진정한 소통과 연결을 가능하게 하기 때문입니다. 우리는 감정을 표현할 때 타인과 정서적으로 연결됩니다. 그뿐만이 아닙니다. 우리의 뇌는 감정과 함께 저장된 기억을 그렇지 않은 기억보다 더 중요하게 인식합니다. 그런 까닭에 감정이 담긴 이야기는 그렇지 않은 이야기보다 세 배 이상 우리 기억에 오래 머물곤 하지요.

하지만 여기서 가장 중요한 원칙이 있습니다. 아무리 좋은 말을 해도 진심이 담기지 않으면 상대방의 마음에 가닿지 않는다는 것입니다. '감동적인 말을 해야지'라며 억지로 꾸며 낸 (감정) 표현은 오히려 어색함만 불러옵니다. 아이들의 경우 작은 감정이라도 솔직하게 표현할 때 훨씬 더 감동적이고 기억에 남는 끝맺음을 맺을 수 있습니다. 화려한 수사보다도 진심이 담긴 "재미있었어요"라는 단순한 표현 쪽이 훨씬 좋은 마무리가 될 수 있다는 거죠.

감정을 표현하는 데는 말의 내용만큼이나 이를 표현하는 방식도 중요합니다. 똑같은 "재미있었어요"라는 말도 목소리 톤과 표정, 몸짓에 따라 상대방이 느끼는 바가 완전히 달라지니까요. 이를테면 신나는 이야기는 밝은 목소리로, 감동적인 이야기는 차분한 목소리로 말하면 감정이 더 잘 전달됩니다. 이야기를 마무리할 즈음 목소리 톤을 살짝 낮춰서 안정감 있게 말하면 자연스럽게 '이제 이야기가 끝났다'라는 신호를 줄 수도 있고요. 그리고 마지막 한 문장 정도만이라도 듣는 사람을 똑바로 보면서 말한다면 그 진정성은 훨씬 더 강하게 전달됩니다. 이렇게 말을 마쳤다면 바로 다음 행동으로 넘어가지 말고 1~2초 정도의 정적을 두어 상대방으로 하여금 여운을 느낄 수 있도록, 대화를 곱씹고 음미할 수 있도록 해 주세요.

때로는 긴 설명보다 핵심을 담은 한 문장이 더 인상적일 때가 있습니다. 이야기하고 싶은 감정이나 소재가 많아 머릿속에서 정리가 되지 않는다면 복잡하게 감정을 설명하려고 하지 말고, 가장 중요한 느낌 하나를 명확하게 전달하는 편이 효과적입니다. "오늘은 정말 특별한 하루였어요" "이런 경험은 평생 잊지 못할 것 같아요" "친구들 덕분에 할 수 있었어요"… 이런 한 문장은 간단하지만, 진심이 담겨 있다면 듣는 사람의 마음을 움직일 겁니다.

실전 예시

감정을 담아 말해요

○ 예시 1: 연령대별 감정 표현

- 초등 저학년(단순하고 직접적으로): "정말 재미있었어요!" "처음엔 무서웠는데 지금은 기뻐요!" "친구들이랑 함께해서 행복했어요!" "다음에도 또 하고 싶어요!" 등.

- 초등 고학년(구체적이고 깊이 있게): "처음엔 걱정이 많았는데, 끝나고 보니 정말

뿌듯해요” “혼자서는 할 수 없었을 일을 친구들과 함께해서 의미가 있었어요”
“어려웠지만 포기하지 않아서 더 기뻐요” 등.

○ 예시 2: 효과적인 전달 방법

- 목소리와 몸짓으로 감정 전달하기: 목소리 톤을 약간 낮춰서 안정감 있게 표현하기, 손동작을 천천히 해서 여유로운 느낌을 주기, 잠깐의 정적을 둬서 여운 만들기, 미소나 진지한 표정으로 감정 전달하기 등.
- 임팩트 있는 마무리 문장 활용하기: “정말 잊을 수 없는 하루였어요!” “이런 경험은 처음이어서 너무 소중해요!” “친구들 덕분에 용기를 낼 수 있었어요!” “다음에는 더 잘할 수 있을 것 같아요!” 등.

상황에 맞게 표현하기: 때와 장소를 고려한 마무리

지난 주말, 민지는 가족과 함께 동물원을 다녀왔습니다. 정말 즐거운 하루였죠. 월요일, 민지는 주말 동안 있었던 일을 각각 다른 상황에서 세 번 이야기합니다.

- 아침에 친구들에게: “주말에 동물원 갔는데 진짜 대박이었어! 너네 코끼리가 물 뿌리는 거 본 적 있어? 완전 웃겨 죽는 줄 알았어!”

- 점심시간에 선생님에게: “주말에 동물원에 다녀왔는데요, 동물들을 직접 보니까 교과서에서 배운 것보다 훨씬 더 신기했어요.”

- 저녁에 할머니에게: "할머니, 저희 주말에 동물원 갔다 왔어요. 할머니도 같이 가셨으면 좋았을 텐데… 다음에는 꼭 같이 가요!"

같은 경험이지만 민지는 상대방에 따라 이야기를 다르게 끝맺었습니다. 이게 바로 상황에 맞게 표현한다는 것입니다.

친구에게는 편하게, 처음 만난 사람에게는 조금 더 정중하게 말하는 것이 자연스럽겠죠. 또한 또래 친구, 동생, 선생님, 부모님, 할머니 할아버지께는 각각 다른 수준의 존댓말과 표현을 사용합니다. 이는 물론 예의를 차리는 일이기도 하지만, 상대방이 더 편하게 들을 수 있도록 배려하는 차원의 일이기도 합니다. 마찬가지로 사적인 상황(놀이터, 집)에서 하는 대화와 공적인 상황(교실, 학원, 병원)에서 하는 대화는 각각 다른 분위기를 띨 수밖에 없습니다. 따라서 장소에 맞는 마무리를 할 줄 아는 것도 중요합니다.

상황에 맞게 표현을 바꿀 수 있다는 것은 사회적 태도를 유연하게 조절할 줄 안다는 것을 의미합니다. 이런 유연성은 미래에 더욱 중요해집니다. 직장에서 상사에게 보고할 때, 고객에게 설명할 때, 동료와 협력할 때 모두 다른 방식의 마무리가 필요하기 때문입니다.

하지만 여기서 사람들이 흔히 하는 오해가 있습니다. 상황에 맞춰 표현을 바꾼다는 것을 가식적인 태도라고 이해해서는 안 됩니다. 본질적인 내용과 진심은 그대로 유지하되, 표현 방식만 조절하는 게 포인트입니다. 친구에게는 "완전 대박이었어!", 선생님에게는 "정말 의미 있는 경험이었습니다"라고 다르게 표현하지만, 둘 다 진심으로 즐거웠다는 핵심은 같습니다.

때로는 마무리를 하면서 동시에 질문을 던지는 것도 효과적입니다. 이렇게 하면 이야기가 완전히 끝나는 게 아니라 듣는 사람과 함께 생각해 볼 거리를 남길 수 있어요. 특히 친구들끼리 "너는 어떻게 생각해?" "혹시 너도 비슷한 경험 있어?" 같은 질문을 주고받게 되면 어느 한쪽의 일방적인 이야기로 끝나는 게 아닌, 확장된 대화로 발전합니다.

실전 예시

상황에 맞게 말해요

○ 예시 1: 학교 친구들 앞에서

- 동아리 활동 소개: "우리 밴드 동아리 정말 재미있어! 음악 좋아하는 친구들은 언제든 놀러 와. 같이 멋진 공연 만들어 보자!"

- 여행 경험 공유: "제주도 여행 정말 최고였어! 너희들은 어떻게 생각해? 나중에 그때 찍은 사진 같이 보자!"

○ 예시 2: 가족과의 대화에서

- 부모님과의 대화: "오늘 학교에서 발표할 때 처음엔 떨렸는데, 엄마가 평소에 '자신감을 가져'라고 하신 말씀이 큰 도움이 됐어요. 내일은 더 당당하게 발표할 수 있을 거예요!"

- 형제자매와의 대화: "형 덕분에 숙제를 끝낼 수 있었어. 설명을 너무 알아듣

기 쉽게 해 줘서 머리에 쏙쏙 들어오더라. 다음에도 또 도와줄 수 있어?"

○ 예시 3: 공식적인 자리에서

- 학교 발표회: "오늘 이 무대에서 제 이야기를 들어 주신 모든 분들께 진심으로 감사드립니다. 비록 부족한 부분이 많았지만 이런 경험을 통해 더 성장할 수 있을 것 같습니다. 앞으로도 계속 응원해 주세요."
- 지역 행사: "오늘 이런 뜻깊은 행사에 참여할 기회를 주셔서 정말 감사합니다. 지역사회를 위해 애쓰시는 어른들의 모습을 보면서 저도 많이 배웠습니다. 앞으로 더 열심히 공부해서 우리 지역에 도움이 되는 사람이 되겠습니다."

○ 예시 4: 질문으로 여운 남기기

- 질문으로 대화 마무리하기: "여러분은 이런 상황에서 어떻게 하시겠어요?" "혹시 비슷한 경험 있으신가요?" "제가 잘한 걸까요? 어떻게 생각하세요?" "다음엔 뭘 해 볼까요?" 등.

4

상상력을 자극하는 이야기 만들기

상상력, 미래를 여는 가장 중요한 능력

"우리 아이가 이상한 이야기만 해서 걱정이에요." 상담실에서 한 어머니가 조심스럽게 말을 꺼냅니다. 초등학교 2학년 아들이 연필이 살아 움직인다거나, 구름이 자신과 대화를 나눈다거나 하는 식의 이야기를 자주 한답니다. "너무 비현실적인 이야기만 하는 것 같아서요. 현실과 상상을 구분하지 못하는 건 아닐까요?"

반대로 이런 고민을 하는 부모님도 있습니다. "우리 아이는 상상력이 부족한 것 같아요. 책을 읽어 줘도 딱딱하게 받아들이고, 이야기를 지어내라고 하면 막막해해요. 어떻게 하면 아이의 상상력을 더 키워 줄 수 있을까요?"

두 고민은 정반대처럼 보이지만 사실 같은 질문에서 출발합니다. '상상력이란 무엇이며, 어떻게 길러 주어야 할까?'라는 문제에서 말이죠. 많은 부모들이 상상력에 대해 오해하는 부분이 있습니다. 상상력이 풍부한 아이는 공상에 빠져 현실을 등한시할 거라는 걱정, 또는 상상력은 특별한 재능이 있는 아이들만 가진 능력이라는 편견 말입니다.

우선 여기서 한 가지 중요한 사실을 짚고 넘어가야 합니다. 아이들의 '이상한' 상상력이야말로 가장 소중하게 보호해야 할 능력이라는 것입니다. 상상력은 단순히 재미있는 이야기를 만드는 능력이 아닙니다. 이는 문제해결 능력, 창의적 사고력, 그리고 미래를 설계하는 힘의 근간이 됩니다. 수학 문제를 풀 때도, 친구와의 갈등을 해결할 때도, 새로운 것을 배울 때도 바로 이 상상력이 필요합니다.

오늘날 가장 혁신적인 기업가들과 예술가들의 공통점은 무엇일까요? 이들은 어른이 되어서도 '만약에'라는 질문을 멈추지 않았습니다. 스티브 잡스는 '만약 전화기가 컴퓨터라면?'이라고 상상했고, 그 결과 스마트폰이 탄생했습니다. 제임스 다이슨은 '만약 청소기가 먼지봉투 없이 작동한다면?'이라고 상상했고, 사이클론 청소기를 만들었죠. 이처럼 세상을 바꾼 모든 발명과 예술 작품은 누군가의 상상에서 시작되었습니다.

우리 아이들이 성인이 되었을 때는 지금과는 완전히 다른 세상이 펼쳐질 것입니다. 인공지능, 자율주행차, 가상현실은 이미 현실화되었습니다. 앞으로는 지금까지 존재하지 않았던 직업들이 생겨나고, 현재의 상식으로는 해결할 수 없는 문제들을 마주하게 될 것입니다.

세계경제포럼 WEF의 연구에 따르면 2030년에 가장 중요하다고 여겨질 직업 능력 1위는 '문제해결 능력'이고 2위는 '창의성'입니다. 정해진 답을 외우는 능력이 아니라, 새로운 가능성을 상상하고 창조하는 능력이 각광받을 거라는 소리죠. 다행인 점은 상상력이 선천적인 재능이 아니라는 것입니다. 모든 아이는 태어날 때부터 상상하는 능력을 가지고 있습니다. 중요한 것은 부모가 그 능력을 어떻게 보호하고 키워 주느냐입니다. 많은 부모들이 아이의 상상력을 길러 주기 위해 특별한 무언가를 해야 한다고 생각합니다. 비싼 학원에 보내거나, 특별한 프로그램을 찾거나, 복잡한 교구를 사야 한다고 믿습니다. 하지만 진정한 상상력 교육은 훨씬 더 가까운 곳에 있습니다. 바로 일상 대화 속에 말이죠.

그렇다면 어떻게 해야 우리 아이들의 상상력을 체계적으로 키워 줄 수 있을까요? 핵심은 앞으로 소개할 세 가지 기본 원칙에 있습니다.

일상을 새롭게 바라보기: 평범함 속에서 특별함을 찾는 마법

"엄마, 심심해요. 재미있는 거 없어요?" 주말 오후, 아이가 투정을 부립니다. 집에는 장난감도, 책도 많지만 아이는 지루해합니다. 부모는 생각합니다. '어디 특별한 곳에 데려가야 하나? 체험학습? 놀이공원?' 하지만 진짜 문제는 특별한 경험의 부족이 아닙니다. 일상을 특별하게 바라보는 힘이 부족한 것입니다.

많은 부모들이 상상력 교육을 위해 특별한 무언가를 해야 한다고 생각합니다. 하지만 진정한 상상력의 도약은 일상에서 시작됩니다. 아침에 일어나서 밤에 잠들기 전까지, 우리가 매일 반복하는 평범한 순간들이야말로 상상력의 무한한 재료가 됩니다. 등굣길에 만나는 나무, 식사 시간에 먹는 요리, 창밖으로 보이는 구름, 저녁 산책길의 가로등… 이 모든 평범한 것들이 얼마나 특별한 이야기의 재료가 될 수 있는지 아이들은 아직 모릅니다. 그것을 알려 주는 것이 바로 부모의 역할이고요.

일상을 이야기로 바꾸는 과정에서 아이들은 관찰력을 기릅니다. 저

120

역시 하은이를 키우면서 깜짝 놀란 적이 많은데, 아이가 아주 어릴 때부터 어른들은 그냥 무심코 지나치던 것들을 상당히 자세히 보고, 그 안에서 흥미로운 점들을 찾아내곤 했기 때문입니다. "엄마, 저 구름은 토끼 같아!" "이 돌은 공룡알 같아!" 이런 발견들이 쌓이면서 아이는 세상을 보는 자기만의 시각을 만들어 나갑니다.

게다가 더 중요한 것은 일상 속 상상을 통해 아이들의 주인공 의식이 발달한다는 점입니다. 아이들은 자신의 상상 속에서 단순히 이야기의 흐름에 수동적으로 참여하는 등장인물이 아니라, '오늘 나는 어떤 모험을 하게 될까?'처럼 이야기의 전개를 이끌어 가는 능동적인 주인공으로 스스로를 인식하게 됩니다. 예측 불가능한 상황 속에서 '나는 (이 상황에서) 어떤 선택을 할까?'라고 스스로에게 물으며 문제해결 능력과 의사결정 능력을 자연스럽게 키우는 거죠. 이러한 질문들은 아이가 자신의 행동(이야기)이 삶에 어떤 영향을 미치는지 이해하도록 돕고, 책임감을 기를 수 있게 해 줍니다. 주인공 의식은 아이가 단순히 주어진 환경에 적응하는 것을 넘어, 스스로 환경을 변화시키고 새로운 가능성을 탐색하도록 이끄는 강력한 동기가 됩니다.

같은 경험이라 할지라도 그것을 어떻게 인식하고 해석하느냐에 따라 우리의 삶은 완전히 다른 빛깔을 띠게 됩니다. 비 오는 날 아침, 학교에 가는 길을 떠올려 봅시다. 어떤 아이는 "아, 또 비야. 귀찮아 죽겠네. 신발도 다 젖고 우산 들기도 싫다"라고 투덜거리며 온종일 찌뿌둥한 기분으로 지낼 수도 있습니다. 이런 아이에게 비는 그저 불편하고 성가신 존재일 뿐입니다. 하지만 다른 아이는 똑같은 비 오는 등굣길을 '와, 오늘은 빗방울 탐험대가 되는 날이네! 첨벙첨벙 물웅덩이를 건너고, 빗줄기가 만들어 내는 세상의 소리를 들어 보자'라고 생각하며 설렘 가득한 모험으로 받아들일 수도 있습니다. 이 아이에게 비는 상상력을 자극하고 새로운 발견을 선사하는 특별한 선물이 됩니다. 후자의 관점을 가진 아이는 동일한 하루를 훨씬 더 생동감 있고 풍요롭게 경험하며, 이러한 긍정적인 태도는 아이의 정서발달과 문제해결 능력에도 좋은 영향을 미칩니다.

이처럼 세상을 바라보는 시각, 즉 '관점'은 우리의 경험을 재구성하고 삶의 질을 결정하는 핵심적인 요소가 됩니다. 아이들에게 긍정적이고 유연한 관점을 길러 주는 것은 어쩌면 그 어떤 지식보다도 소중한 삶의 지혜를 선물하는 일일 것입니다. 일상을 새롭게 바라보는 가장 효과적인 방법은 바로 이 관점을 전환해 보는 것입니다. 같은 대상, 같은 상황이라도 어떤 관점에서 바라보느냐에 따라 완전히 다른 이야기가 될 테니까요.

관점의 전환은 세 가지 방향으로 이루어질 수 있습니다. 공간적 관점(어디에서 보는가), 시간적 관점(언제의 시점에서 보는가), 역할적 관점(누구의 입장에서 보는가). 이 세 가지를 자유롭게 활용하면 무궁무진한 이야기가 만들어집니다.

- 공간적 관점 전환: "선생님은 선장, 우리는 탐험대. 오늘은 수학 행성을 탐험했어요!"(교실을 우주선으로) "쇼핑 목록은 보물 지도, 우유는 용기의 물약!"(마트를 보물섬으로)

- 시간적 관점 전환: "조선시대에서 온 시간 여행자가 우리 컴퓨터 수업을 본다면?" "100년 후 사람들이 박물관에서 우리의 학교생활을 본다면?"

- 역할적 관점 전환: "내가 우리 집 생태계를 연구하는 생물학자라면?" "음식 평론가가 되어 오늘 급식을 리뷰한다면?"

일상을 특별하게 만드는 또 다른 방법은 시간 확대입니다. 이는 다양한 미션을 통해 몇 분의 짧은 경험을 마치 긴 여행처럼 느껴지게 만드는 기법입니다. 예를 들어 학교에 가는 10분간의 시간이 이 기법을 적용하는 순간 '10분 동안의 모험'으로 바뀔 수 있습니다. 첫 번째 미션(예: 소음 탐지기가 되어 모든 소리 기억하기), 두 번째 미션(예: 색깔 수집가가 되어 빨간색 찾기) 등을 정해 놓고 이를 수행하다 보면 똑같은 10분이 훨씬 더 길고 다채롭게 느껴지지요. 이는 아이들이 일상의 작은 순간들을 소중하게 여기고 매일의 경험에서 더 많은 의미를 찾을 수 있게 해 줍니다. 시간을 길게 쓰는 방법을 아는 아이는 삶을 좀 더 풍요롭게 보낼 수 있습니다.

감정을 이야기로 표현하기
: 마음속 세계를 펼치는 방법

아이들에게도 복잡하고 풍부한 감정이 있습니다. 문제는 그 감정을 언어로 표현하는 방법을 모른다는 것입니다. 아이들은 '화나다' '슬프다' '기쁘다'와 같은 기본적인 감정 단어는 잘 알지만, '실망스럽다' '답답하다' '뿌듯하다' '서운하다'처럼 더 세밀한 감정을 표현하는 데는 애를 먹습니다. 게다가 감정은 눈에 보이지 않고 만질 수도 없는 추상적인 개념이기 때문에 구체적인 사물을 설명하는 것조차 아직은 어려워하는 아이들로서는 감정을 설명하는 일이 더더욱 어려운 과제처럼 느껴질 수밖에 없죠. 그렇다면 이 같은 추상적인 감정을 구체적인 것으로 표현할 수 있는 가장 효과적인 방법은 무엇일까요? 바로 시각화입니다. 감정을 색깔, 모양, 캐릭터, 이야기로 변환하는 거죠.

실전 예시

추상적 감정을 구체적으로 표현하는 법

○ 방법 1 : 색깔과 모양

"화났을 때의 감정을 색깔로 표현한다면?"이라는 질문은 아이가 자신의 감정을 객관적으로 바라볼 수 있게 해 줍니다. "빨간색" "검은색" "회색"… 아이들은 저마다 다른 대답을 할 테지만, 그 색깔을 통해 감정의 강도와 성질을 더 명

확히 인식하게 됩니다.

○ 방법 2 : 캐릭터화

'불안이라는 작은 괴물'을 떠올리는 것처럼 감정을 하나의 생명체나 캐릭터로 상상해 보는 거예요. 불안이 나의 일부가 아니라 외부에서 찾아온 손님처럼 느껴지도록 말이죠. 그러면 아이는 불안에 휩쓸리지 않고 '불안이 왔네. 어떻게 대응하지?'라고 생각할 수 있습니다.

○ 방법 3 : 이야기화

감정을 하나의 완성된 이야기로 만들어 보는 것도 좋습니다. 이 감정이 언제 시작되었고, 어떻게 커졌으며, 어떤 방식으로 해결될지를 이야기 형식으로 구성하면 감정의 인과관계를 이해할 수 있습니다.

감정을 구체적이고 창의적으로 표현하는 능력은 아이의 정서발달에 매우 지대한 영향을 미칩니다. 자신의 감정을 정확히 인식하고 표현할 수 있는 아이는 스스로를 더 잘 이해하고 컨트롤하는 법입니다. 그런 아이들은 자신의 감정에 휩쓸리지 않고 그 감정을 이성적으로 조절할 수 있기 때문이죠.

게다가 자신의 감정을 명확히 표현할 수 있는 아이는 다른 사람과의 소통도 원활해집니다. "나는 네가 약속을 지키지 않아서 실망했어"라고 말할 수 있으면, 관계에서 오해를 하거나 반대로 오해를 받을 위험이 줄어듭니다. 자신의 감정을 잘 아는 아이는 다른 사람의 감정도 더 잘 이해할 수밖에 없을 테니까요.

호기심을 자극하는 질문하기: 상상력의 엔진을 돌리는 방법

부모는 아이와 대화하고 싶은데, 아이의 대답은 너무 짧고 단조롭습니다. 무엇이 문제일까요? 아이가 말을 하기 싫어서일까요? 아닙니다. 문제는 질문의 방식입니다.

예를 들어 부모들이 가장 많이 쓰는 "뭐 했어?"라는 질문은 사실을 묻는 질문입니다. 그렇다면 아이는 사실만 대답하면 됩니다. 하지만 만약 "오늘 네가 교실이 아니라 우주선에 있었다면 어땠을 것 같아?"라는 질문을 하게 되면 아이는 상상을 해야 합니다. 같은 하루도 완전히 다른 이야기가 될 수밖에 없죠.

질문은 아이들의 상상력을 자극하는 가장 강력한 도구이며, 창의적 사고를 깨우고 세상을 새로운 관점으로 바라보게 합니다. 또한 아이들의 사고 방향을 안내해 주며 '무엇인가'를 통해 정의를, '왜 이럴까'를 통해 원인을, '만약 ~라면'을 통해 가능성을 생각하게 합니다. 좋은 질문은 또 다른 질문을 불러오는 식으로 대화를 확장시켜 깊이 있는 탐구를 가능하게 하지요. 그리고 이러한 과정 속에서 아이들은 수동적으로 정보를 받아들이는 대신 능동적으로 생각하고 답을 찾아내기에 이릅니다.

하지만 모든 질문이 효과적인 것은 아닙니다. 질문의 방식과 내용에 따라 아이의 반응과 사고의 깊이는 천차만별로 달라질 수 있거든요.

- 폐쇄형 vs 개방형: "재미있었어?"(예/아니오)보다 "어떤 점이 가장 재미있었어?"(추가 설명 필요)가 더 풍부한 대화를 만듭니다.
  - 사실 vs 상상: "뭐 먹었어?"(사실)보다 "그 음식이 마법의 힘을 가졌다면 어떤 힘일까?"(상상)가 창의성을 더 자극합니다.
  - 판단 vs 호기심: "왜 그렇게 했어?"(비난의 뉘앙스)보다 "그때 어떤 생각이 들었어?"(호기심)가 아이로 하여금 안전함을 느끼게 합니다.

이렇듯 효과적인 질문의 핵심은 호기심 유발에 있습니다. 아이가 '어? 그게 뭐지?' '왜 그럴까?' '어떻게 될까?' 식으로 자연스럽게 호기심을 느끼도록 유도하는 것. 이를 위해서는 질문에 정답이 없어야 합니다. 아이도, 부모도 모르는 질문, 함께 탐구해야 하는 질문이 가장 좋은 질문입니다.

또한 같은 주제라도 아이의 연령과 발달단계에 따라 질문 방식을 달리해야 합니다. 초등 저학년(6~8세)에게는 구체적이고 감각적인 질문이 좋습니다. 보고, 듣고, 만질 수 있는 것들로 질문을 시작하세요. 초등 고학년(9~13세)부터는 논리적 사고가 급격히 발달하는 때이므로 인과관계를 탐구하는 질문이 효과적입니다. "만약 ~라면 어떻게 될까?"와 같은 구조를 갖는 질문을 적극적으로 활용하세요. 중학생(13~16세)의 경우도덕적, 사회적 판단력이 발달하는 시기이므로 가치와 우선순위에 관한 질문이 좋습니다. 복합적인 상황에서의 선택과 관련된 질문을 활용해 보세요.

마찬가지로 단순히 "만약에?"만 반복하는 것이 아니라 역발상, 결합, 연쇄처럼 질문 기법을 다양화하면 아이의 상상력을 더욱 풍부하게 이끌어 낼 수 있습니다.

- 역발상: 일반적인 생각과 반대되는 생각을 해내 고정관념을 깨뜨리기.
- 결합: 서로 다른 두 요소를 결합해 새로운 아이디어를 만들기.
- 연쇄: 하나의 질문에서 다음 질문으로 계속 이어 가며 깊이 있는 사고를 유도하기.

○ 예시 1: 연령별 질문

- 초등 저학년(감각 중심): "구름을 만지면 어떤 느낌일까?" "바람은 무슨 색깔일까?" "나무가 말을 한다면 뭐라고 할까?" 등.
- 초등 고학년(인과관계 중심): "모든 사람이 마음을 읽을 수 있다면?" "하루가 48시간이 된다면?" "중력이 절반이 된다면?" 등.

- 중학생(가치판단 중심): "전 세계의 문제 중 딱 한 가지만 해결할 수 있다면?"
"완벽한 평등과 완벽한 자유 중 선택한다면?" 등.

○ 예시 2: 질문 기법의 다양화

- 역발상: "학교에서 놀기만 하고 집에서 공부한다면?" 등.

- 결합: "네가 좋아하는 수학과 피자를 결합하면?"

- 연쇄: "동물이 말을 한다면?" → "동물들은 뭐라고 말할까?" → "인간은 어떻게 변할까?" → "관계는 어떻게 달라질까?" 등.

일상 대화 속 상상력 자극법

상상력을 키우는 데는 특별한 시간이나 장소가 필요하지 않습니다. 식사하면서, 이동하면서, 취침 전… 이 모든 시간이 상상력을 자극하는 황금 시간입니다. 그리고 무엇보다 중요한 것은 부모가 이런 기회들을 인식하고, 간단한 질문 하나로 평범한 순간을 특별하게 만드는 것입니다.

식사 시간은 단순히 배를 채우는 것 이상으로 아이들의 상상력을 자극하고 언어 발달을 촉진하는 소중한 기회입니다. 다양한 식재료와 음식의 맛, 색깔, 질감에 대해 이야기하며 아이들은 자연스럽게 어휘를 확장하고 표현력을 기를 수 있지요. 예를 들어, 빨간 사과를 보며 『백설 공주』 이야기를 떠올리거나, 밥솥에서 모락모락 피어나는 김을 보며 구름이나 안개를 상상하는 등 음식이라는 구체적인 대상을 통해 무한한 이야기를 만들어 낼 수 있습니다.

차를 타거나 걸어가는 이동 시간 역시 끝없는 이야기 재료를 제공합니다. 스쳐 지나가는 건물들, 사람들의 모습, 자동차의 움직임, 하늘에 떠 있는 구름 모양 등 모든 것이 상상의 나래를 펼칠 수 있는 소재가 됩니다. "저 버스는 어디로 갈까?" "저 아저씨는 뭘 하고 있을까?" "구름이 강아지처럼 보이지 않아?"와 같은 질문을 던지며 아이들의 관찰력과 상상력을 자극하고 함께 이야기를 만들어 보세요.

하루를 마무리하는 잠들기 전 시간은 아이들이 그날 있었던 일들을 이야기하며 즐거웠던 순간을 떠올리거나, 아쉬웠던 점을 다른 방식으로 상상할 수 있는 최적의 시간입니다. 이때 부모가 아이와 함께 유치원에서 친구와 다퉜던 일을 이야기하며 "만약에 그때 네가 이렇게 말했다면 어땠을까?"라고 질문하거나, 꿈속에서 신나는 모험을 떠나는 이야기를 함께 만들어 보는 것도 좋은 방법입니다. 이러한 활동을 통해 아이들은 감정을 표현하고 이해하는 능력, 현실의 문제를 해결하는 능력 등을 기를 수 있습니다.

하지만, 안타깝게도 아이의 상상력을 키워 주려는 부모의 노력이 오히려 아이를 위축시킬 수도 있습니다. 다음의 다섯 가지 원칙을 명심하세요.

첫째, 정답을 기대하지 마세요. 질문의 목적은 정확한 답을 얻는 것이 아니라 아이의 사고 과정을 자극하기 위함입니다. '나도 정말 궁금한데,

함께 생각해 볼까?'라는 자세가 중요합니다. 아이의 대답에 "틀렸다"라고 말하는 순간, 상상의 날개는 꺾이고 맙니다.

둘째, 과정에 집중하세요. 결과보다는 사고하는 과정 자체에 관심을 보여 주세요. "어떻게 그런 생각을 하게 되었어?" "그 아이디어는 어디서 나온 거야?" 같은 질문을 통해 아이의 사고 과정을 격려해 주세요. 창의적인 결과물보다 시도와 과정 자체가 더 중요합니다.

셋째, 부모는 어디까지나 가르치는 사람이 아닌 함께 탐구하는 동반자가 되어야 합니다. '나도 그게 궁금하다. 함께 생각해 볼까?'라는 태도로 접근하면 아이 역시 적극적인 태도로 마주해 오기 마련입니다. 부모도 모르는 것, 부모도 궁금한 것을 함께 탐구할 때 진정한 배움이 일어납니다.

넷째, 아이에게 시간을 충분히 주세요. 아이가 충분히 생각할 수 있도록 답을 재촉하지 않는 태도가 중요합니다. 침묵을 두려워하지 마세요. 아이가 조용히 생각하고 있는 시간은 창의적인 사고가 막 펼쳐지려는 소중한 순간입니다. 어른의 기준에서 5초는 짧지만, 아이에게 5초는 꽤 긴 시간임을 잊지 마세요.

마지막으로 실패를 두려워하지 않을 수 있도록 환대의 분위기를 조성해 주세요. '이상한 생각'이나 '말이 안 되는 아이디어'도 이곳(집)에서만큼은 환영받을 수 있음을 아이가 느끼게 해 주세요. 창의성은 종종 기존의 상식을 벗어나는 지점에서 나타나기 마련입니다. "그 생각 재미있다!" "그런 관점으로는 생각 못 했는데!"라는 반응이 아이를 자유롭게 합니다.

세 번째 수업

친구와의 소통 능력
향상시키기

1

친구에게
부탁하는 법

• • •

부탁은 사회적 기술이다

"엄마, 오늘 미술 시간에 색연필을 안 가져가서 친구한테 빌려 달라고 했는데요…" 아이가 학교에서 돌아와 조심스럽게 말을 꺼냅니다. 표정이 좋지 않습니다.

"그래서?"

"친구가 안 빌려줬어요. 그래서 나만 그림을 못 그렸어요." 아이의 목소리에 서운함이 가득합니다. 부모는 당황합니다. '친구가 왜 안 빌려줬을까? 우리 아이가 뭔가 잘못 말한 걸까? 친구가 심술궂은 걸까?'

친구들과 함께 생활하다 보면 도움이 필요한 순간들이 종종 생깁니다. 숙제를 깜빡했을 때, 놀이에 함께 참여하고 싶을 때, 물건을 빌리고 싶을 때, 설명을 들어야 할 때처럼요. 하지만 많은 아이들이 친구에게 부탁하는 것을 어려워하거나 두려워합니다.

특히나 요즘 아이들의 경우 유독 뭔가를 부탁하는 일에 소극적인 경향을 보입니다. 그 원인은 아무래도 스마트폰의 영향이 크겠죠. 이들은 어릴 때부터 스마트폰, 태블릿과 함께 자란 세대입니다. 다른 세대의 어린이들과 비교해 성장과정에서 사람과 직접 대화하는 시간이 압도적으로 줄어들었죠. 메신저에서는 이모티콘 하나로 기분을 표현할 수 있지만, 실제 대화에서는 표정, 목소리 톤, 몸짓을 모두 신경 써야 합니다. 특히 부탁처럼 조심스러운 대화는 더욱 어려워졌습니다.

완벽주의에서 기인한 실패에 대한 두려움도 한몫한다고 볼 수 있어요. 현대사회는 아이들에게 모든 면에서 완벽해야 한다는 무언의 압박을 가하고 있습니다. 거절당하는 일을 실패로 받아들이게 만들고, 자신의 가치가 떨어지는 것처럼 느끼게 만들죠. 하지만 거절은 실패가 아니라 살다 보면 반드시 마주할 수밖에 없는 일상의 자연스러운 일부입니다.

"남에게 민폐 끼치지 마라" "네 일은 네가 알아서 해라" 같은 개인주의 문화의 영향도 무시할 수 없습니다. 이런 말을 자주 듣다 보면 아이들은 자연히 도움을 청하는 일을 부끄럽게 생각합니다. 서로 도움을 주고받는 것이 인간관계의 가장 기본적인 모습인데도 불구하고요.

또 예전에 비해 소통 기술을 학습할 기회가 현저히 줄어든 상황도 문제입니다. 핵가족화와 아파트 문화로 인해 다양한 연령대의 사람들과 자연스럽게 소통하는 일이 좀처럼 어려워졌습니다. 예전처럼 동네 아이들과 골목에서 뛰어놀며 부탁하고, 거절하(당하)고, 타협하는 방법을 몸으로 익힐 기회가 없습니다.

그러다 보니 부모의 역할이 중요해질 수밖에 없습니다. 아이에게 단순히 "친구한테 빌려 달라고 하면 되지"라고 말하는 게 아닌 구체적인 방법과 상황별 대처법을 가르쳐 주어야 합니다. 지금부터 소개할 방법들은 가정에서 쉽게 실천할 수 있으면서도 효과가 검증된 것들입니다. 함께 연습하다 보면, 머지 않아 자신감 있게 친구들과 소통하는 아이의 모습을 보게 될 거예요.

예의를 갖춰서 부탁하기

그렇다면 아이가 "엄마, 오늘 친구한테 연필 빌려 달라고 했는데 안 빌려줬어요. 친구가 나를 싫어하나 봐요"라고 말할 때, 부모는 어떻게 반응해야 할까요? "그 친구가 나빴네"라고 위로하면 되는 걸까요? 아니면 "네가 뭔가 잘못 말했나 보다"라고 지적하는 게 맞을까요?

결론부터 말하자면 둘 다 적절하지 않습니다. 아이에게 가장 먼저 가르쳐야 할 것은 부탁하기 전 가져야 할 '올바른 마음가짐'이거든요. 그러니 이렇게 되물어 보세요. "친구도 너와 똑같은 사람이야. 자기만의 계획과 사정이 있지. 만약 네가 친구 입장이라면 어땠을 것 같아?" 그럼 아이는 상대방의 입장에서 생각해 보게 됩니다. 상대방에 공감하는 과정이 시작되는 거죠. 그러고는 이렇게 덧붙여 주세요. "부탁하는 건 나쁜 일이 아니야. 모든 사람은 때때로 다른 사람의 도움이 필요해. 오히려 정중하게 부탁하면 친구와 더 가까워질 수 있어." 부탁을 창피한 일이 아니라 자연스러운 소통의 일부로 받아들이게 도와주세요.

부탁의 '타이밍'을 가르치는 일도 중요합니다. "엄마, 친구가 게임하고 있길래 가서 연필 빌려 달라고 했더니 짜증 냈어요." 이런 이야기를 들으면 부모는 아이에게 타이밍의 중요성을 알려 줘야 합니다.

예를 들어 저녁 식사 후에, 아이와 함께 역할극을 해 보세요. "자, 엄마가 지금 설거지를 하고 있어. 바쁘게 움직이고 있지? 이때 네가 와서 '엄마, 내일 준비물 뭐예요?' 하고 물어보면 엄마 기분이 어떨 것 같아?"

라고 묻는 거죠. 아이에게 부탁을 할 때는 친구가 뭔가 하고 있을 때나 다른 사람들에게 둘러싸여 있을 때가 아니라, 쉬고 있거나 한가해 보일 때 해야 한다는 점을 알려 줘야 합니다.

단계별로 가르치는 올바른 부탁 방법

초등학교 저학년 아이들에게는 복잡한 설명보다 단계별로 나눠서 가르치는 편이 효과적입니다. 다음 실전 예시를 통해 5단계 부탁 방법을 함께 살펴봅시다.

실전 예시

부탁의 5단계

○ **1단계: 상황 살피기**

"먼저 친구 표정을 봐. 웃고 있어? 편해 보여? 그럼 괜찮아. 하지만 얼굴을 찌푸리거나 바빠 보이면 다음에 하는 게 좋아."

○ **2단계: 자연스럽게 시작하기**

"갑자기 다짜고짜 부탁부터 하지 말고, 먼저 '안녕, 뭐 하고 있어?'라면서 인사부터 하는 게 좋아. 친구가 대답하면 '나도 그거 재미있어 보여' 같은 말로 관심을 보여 줘."

○ **3단계: 정중하게 부탁하기**

"이제 '혹시 괜찮으면' '미안한데' 같은 말로 시작해서 본격적으로 부탁을 하면 돼. '연필 좀 빌려줄 수 있어?'처럼. '연필 줘!'라고 명령하듯 말하면 안 돼."

○ **4단계: 이유 설명하기**

"왜 필요한지 솔직하게 말해 줘. '내 연필이 부러져서 곤란해'라고 하면 친구도 상황을 이해할 수 있어."

○ **5단계: 선택권 주기**

"'안 되면 괜찮아' '부담 갖지 마' 같은 말을 꼭 해 줘. 친구가 편하게 결정할 수 있도록."

부탁하는 상황에서 상대방의 저항감을 낮출 수 있는 효과적인 언어 표현을 알려 주는 것도 중요합니다. 아이에게 좋은 표현과 나쁜 표현을 구체적으로 알려 주면서, 같은 내용도 어떻게 말하느냐에 따라 얼마든지 결과가 달라질 수 있음을 보여 주세요. 식탁에 종이를 붙여 놓고 아이와 함께 '좋은 말'과 '나쁜 말'을 적어 보거나, 부모가 먼저 일상에서 모범을 보이면 좋습니다.

- 좋은 시작 표현: "혹시 시간 있을 때…" "괜찮다면…" "미안한데…" "부탁이 있는데…" 등.
- 나쁜 표현(사용하면 안 되는 것): "친구면 당연히 해 줘야지!" "안 해 주

면 앞으로 친구 안 해!" "빨리 해 줘!" 등.

거절당했을 때 대처하는 법

"엄마, 오늘 태이한테 게임 같이 하자고 했는데 안 된대요. 태이가 저를 싫어하나 봐요. 속상해요." 아이가 눈물을 글썽이며 말합니다. 친구의 거절에 큰 상처를 받은 듯 보입니다. 부모의 마음도 찢어질 듯 아픕니다. '우리 아이가 거절당했구나. 얼마나 마음이 아플까? 어떻게 위로해 주고, 이 상황을 극복하도록 도와줄 수 있을까?' 수많은 생각이 머릿속을 스쳐 지나갑니다.

하지만 여기서 부모의 반응은 단순히 아이를 위로하는 차원에 머물러서는 안 됩니다. 아이의 감정을 존중하고 공감하는 동시에, 거절을 건강하게 받아들이고 다음 단계로 나아가는 법을 가르칠 기회로 삼아야 합니다. 이때 부모가 잘못 반응하게 되면 아이는 거절을 두려워하는 어른으로 성장하고 맙니다. 반대로 제대로 반응하게 된다면 아이는 좌절을 딛고 일어서는 회복탄력성을 키우고, 스스로 문제를 해결하는 능력을 기르게 되며, 더 나아가 세상과 적극적으로 소통하는 건강한 사회 구성원으로 성장하게 될 것입니다.

그렇다면 아이가 거절당했을 때 부모는 어떻게 반응해야 할까요? 단순히 "괜찮아, 다른 친구랑 놀면 되지"라고 말하는 태도는 아이의 감정을 무시하는 것과 다름없습니다. "그 친구가 나쁜 거야. 다시는 그 친구랑 놀지 마" "넌 잘못한 게 없어. 친구가 이상한 거야" 식의 반응도 아이에게 거절이 상대방의 잘못이라는 생각을 심어 줄 수 있으므로 지양해야 하고요. 그 대신 "속상했구나. 같이 놀고 싶었는데 안 된다니까 실망스러웠겠다"라며 아이의 속상함을 먼저 인정하고 공감해 주세요. 그다음 "친구가 거절한 이유는 여러 가지가 있을 수 있어. 친구도 다른 약속이 있었을 수도 있고, 몸이 안 좋았을 수도 있고, 혼자 있고 싶었을 수도 있어. 너를 싫어해서가 아닐 거야"처럼 다양한 예를 들어 거절의 원인을 설명해 주면 아이도 '거절당하는 게 나만 그런 게 아니구나'라며 거절을 비교적 편안하게 받아들이게 됩니다. 마지막으로 거절이 아이의 가치를 떨어뜨리는 일이 아님을 이해시키고, 앞으로 어떻게 대처해야 할지 함께 고민하는 과정을 통해 아이는 한 뼘 더 성장할 수 있습니다.

- 아이에게 알려 줘야 할 거절의 이유: 시간이 없어서, 개인적인 사정이 있어서, 능력이 부족해서, 물건이 소중해서, 그냥 하고 싶지 않아서 (이것도 괜찮다는 것을 알려 주세요) 등.

거절당했을 때 아이는 다양한 감정을 느낍니다. 이러한 감정을 아이가 건강하게 다룰 수 있도록 부모가 옆에서 가르쳐야겠죠. 또한 아이에게 거절은 나쁜 경험이 아니라 성장의 기회라는 사실을 알려 줄 필요가 있습니다. 다른 사람도 나처럼 어려울 때가 있다는 것, 혼자서도 문제를 해결할 수 있다는 것, 화가 났을 때 참는 법, 다른 방법을 찾아내는 창의력, 친구를 더 잘 이해하는 마음 등을 배울 수 있는 기회임을 알려 주세요.

○ 1단계: 감정 인식하기

감정을 느끼는 것 자체는 나쁜 일이 아니라고 알려 주세요.

부모: "지금 어떤 기분이 들어?"

아이: "속상해요. 화도 나요."

부모: "그런 기분이 드는 게 당연해. 엄마도 다르지 않은걸."

○ 2단계: 진정하는 방법 알려 주기

고조된 감정을 진정시키는 방법 중에서도 호흡법은 초등 저학년 아이들도 쉽게 따라 할 수 있습니다.

부모: "기분이 안 좋을 때는 어떻게 하면 좋을까? 우리 함께 숨을 깊게 쉬어 볼까? 하나, 둘, 셋… 천천히 들이마시고… 천천히 내쉬고…"

○ 3단계: 상대방의 입장에서 생각하기

부모: "만약 네가 친구의 입장이었다면 어땠을까? 너도 바빠서 친구 부탁을 들어줄 수 없을 때가 있지 않았어?"

아이: "음… 있었어요. 숙제 많을 때요."

부모: "그치. 친구도 그랬을 거야."

○ 4단계: 적절한 반응 연습하기

역할극을 통해 연습하세요.

부모(친구 역할): "미안해, 오늘은 못 해 줄 것 같아."

아이: "…어떻게 말해야 해요?"

부모: "괜찮다고, 이해한다고 말해 보자. '괜찮아, 다음에 또 하자'라고."

★ 거절당했을 때 절대 해서는 안 되는 행동

- "안 돼!"라고 소리 지르며 화내지 않기.

- 삐친 채 돌아서서 가 버리지 않기.

- "그럼 나도 나중에 안 도와줄 거야!"라고 협박하지 않기.

- "○○가 나한테 이랬어"라고 다른 친구에게 나쁘게 말하지 않기.

상황별 적절한 부탁 표현

친구에게 부탁을 하기에 앞서 아이에게 반드시 가르쳐야 할 사항이 있습니다. 상황에 따라 부탁의 방법이 달라져야 한다는 사실을 말이죠. 이를테면 아이가 "엄마, 친구한테 뭐든지 '빌려줘'라고 하면 되는 거 아니에요?"라고 묻는다면, 부모는 "생각해 봐. 지우개를 빌리는 것과 새 게임기를 빌리는 일이 똑같을까? 아니지. 게임기는 훨씬 더 소중하고 비싼 물건이니까 더 조심스럽게 부탁해야 해"라는 식으로 상황에 따른 부탁 방식의 차이를 알려 줄 수 있습니다.

위에서 설명한 것처럼 아이에게 물건 빌리는 법을 가르칠 때는 물건의 종류에 따라 부탁의 방식을 달리해야 합니다. 지우개나 연필 같은 일반 학용품은 비교적 간단하게 빌릴 수 있지만, 이때도 정중한 표현을 사용하도록 지도해야 하고요. 예를 들어 "혹시 색연필 좀 빌려줄 수 있어? 미술 시간에만 쓰고 '바로' 돌려줄게"와 같이 말하도록 알려 주는 것이 좋습니다.

새 게임기나 친구가 아끼는 인형처럼 비싸거나 특별한 물건은 더욱 조심스럽게 부탁해야 합니다. 이때는 상대방이 거절하더라도 기분 나빠 하지 않도록 가르치는 것이 중요합니다. "네 게임기 정말 멋있다. 혹시 잠깐만 해 볼 수 있을까? 5분만! 정말 조심히 다룰게. 부담되면 그냥 네가 하는 거 구경만 해도 재미있을 것 같아"와 같은 표현을 사용하면 상대방의 부담을 덜어 주면서 정중하게 부탁할 수 있습니다.

많은 아이들이 친구에게 숙제나 공부를 도와달라고 요청할 때 오해를 받는 경우가 많습니다. "답을 베끼려고 그러는 거야?"라는 오해를 받지 않도록, 부모는 아이에게 이와 관련한 도움을 청할 때는 단순히 답을 얻는 게 아니라 진정으로 배우고 싶다는 의지를 보여 주는 게 중요하다고 가르쳐야 합니다. 이를 위해서는 막무가내로 "모르겠어!"라며 떼를 쓰는 게 아니라 "수학 문제에서 이 부분이 이해가 안 돼. 여기까지는 알겠는데 다음이 막혀. 어떻게 푸는 건지 설명해 줄 수 있어?"와 같이 구체적으로 어떤 부분이 어려운지 설명하고 도움을 요청하는 표현을 알려 주면 좋습니다. 반면에 "숙제 답 좀 보여 줘"나 "네가 대신 해 줘"와 같은 표현은 오해를 살 수 있으므로 사용하지 않도록 지도해야 합니다. 이러한 교육은 아이가 부모에게 숙제를 물어볼 때를 활용해 이루어질 수 있습니다. 예를 들어, 아이가 "엄마, 이 문제 답이 뭐예요?"라고 물으면 부모는 "답만 알려 주면 네가 배울 수 없어. 대신 어느 부분이 어려운지 말해 봐. 그럼 엄마가 그 부분을 설명해 줄게"라고 답하며 아이가 스스로 문제의 핵심을 파악하고 도움을 요청하는 방법을 배우도록 유도해 주세요. 이러한 경험을 통해 아이는 친구에게도 같은 방식으로 건설적인 도움을 청하는 방법을 익힐 수 있습니다.

친구가 이미 시작한 놀이에 참여하고 싶을 때는 특히 조심스럽게 다가가야 합니다. 친구들의 놀이를 방해하지 않으면서 자연스럽게 합류하는 것이 중요하며, 갑자기 끼어들기보다는 먼저 친구들의 놀이를 잠시 지켜본 후 참여 의사를 밝히는 편이 좋습니다. 가정에서는 부모와 (아이의) 형제자매가 먼저 게임하는 상황을 만들어 놓고, 아이에게 참여를 요청하는 연습을 유도할 수 있습니다. 예를 들어, 아이가 "저도 하고 싶어요! 끼워 주세요!"라고 말하면, 부모는 "잠깐, 어떻게 부탁하면 좋을까? 다시 한번 해 볼까?"라고 안내하며 아이가 "너네가 하는 게임 재미있어 보여. 다음부터 나도 할 수 있을까?"라고 말하도록 유도하는 겁니다. 부모는 이에 "좋아! 이렇게 물어보니까 훨씬 기분이 좋네. 같이 하자!"라고 긍정적으로 반응해 아이가 올바른 참여 요청 방식을 배울 수 있도록 도와주세요.

급한 상황에서도 상대방의 기분을 상하게 하지 않도록 조심스럽게 부탁하는 태도가 중요합니다. 친구에게 소리 지르거나 재촉하는 태도로 부탁하면 친구는 당황하거나 불쾌감을 느낄 수 있습니다. 급할수록 차분하게 상황을 설명하는 것은 물론, 친구의 사정을 이해하고 존중해야 함을 아이에게 꼭 가르치세요. "미안해, 지금 정말 급한 일이 생겼어. 양호실에 가야 하는데 선생님께 말씀드려 줄 수 있을까? 네가 바쁘면 다른 방법을 찾을게"와 같은 표현을 사용할 수 있도록 말이죠.

아이에게 친구 관계 기술을 가르치는 가장 좋은 방법은 일상생활에서 자연스럽게 연습하는 것입니다. 가정에서의 저녁 식사 시간 등을 활용해 "오늘 학교에서 친구한테 뭔가 부탁한 일 있었어?" "친구가 네게 부탁한 일은?" "만약 내일 친구한테 이런 걸 부탁해야 한다면 어떻게 말해야 할까?" 같은 질문을 주고받으며 역할극을 하는 식으로 연습해 보세요. 시간은 10~15분 정도면 충분합니다. 재미있게 놀이처럼 접근하면 아이도 관심을 보이며 적극적으로 참여할 거예요.

아이는 부모의 말보다 행동을 보고 배웁니다. 그러니 다른 사람에게 부탁할 때는 부모부터 일상에서 모범을 보여야겠죠? "여보, 미안한데 설거지 좀 도와줄 수 있어? 오늘 일이 많아서 힘들어. 바쁘면 다른 방법을 생각해 볼게"라는 식으로 배우자에게 부탁을 한다거나 거절당했을 때 "괜찮아, 이해해. 나도 바쁠 때 있으니까. 다른 방법으로 해결할게"처럼 대응하는 부모의 모습을 보며 아이는 자연스럽게 '잘 부탁하는 법'을 배우게 됩니다.

초등 저학년 시기는 친구 관계의 기본을 배우는 가장 중요한 시기입니다. 이때 올바른 부탁 방법을 배워 두면 친구들과 더 건강한 관계를 맺을 수 있고, 거절을 두려워하지 않는 용기가 생기며, 다른 사람을 배려하는 어른으로 자랄 수 있어요. 그러니 인내심을 갖고 아이가 실수하고, 다시 시도하고, 조금씩 나아지는 과정을 따뜻하게 지켜봐 주세요. 부모의 격려와 지지가 있다면, 아이는 분명 친구들과 아름다운 우정을 만들어 갈 수 있을 겁니다.

2

친구의 이야기를
들어 줘요

듣기는 우정의 가장 중요한 기술이다

"엄마, 오늘 내가 학교에서 말이야…" "그래서 내가 말이야, 내가…" 아이가 신나게 이야기를 시작합니다. 부모는 고개를 끄덕이며 듣습니다. 그런데 잠깐, 친구 이야기는 어디 갔을까요? 온통 자기 이야기뿐입니다. 친구가 무슨 말을 했는지, 어떤 기분이었는지는 나오지 않습니다. 그저 자신이 뭘 했고, 뭘 말했고, 어떻게 행동했는지만 끊임없이 이야기합니다.

부모는 궁금해집니다. '우리 아이, 친구 이야기는 듣고 있는 걸까? 혹시 자기 말만 하고 있는 건 아닐까?' 친구 관계에서 가장 소중한 부분 중 하나는 서로의 이야기를 나누는 것입니다. 아이들은 재미있었던 일, 속상했던 일, 고민거리, 꿈과 희망 등을 친구와 함께 나누며 우정을 깊게 만들어 갑니다. 하지만 많은 아이들이 자기 이야기를 하는 데 지나치게 흥분한 나머지 친구의 이야기를 제대로 듣는 일에 어려움을 겪습니다.

좋은 친구가 되기 위해서는 말을 잘하는 것만큼이나 말을 잘 들어 주는 것 역시 중요합니다. 친구의 이야기를 진심으로 들어 주면 친구는 아이를 더욱 신뢰하게 되고, 아이 또한 친구를 더 깊이 이해할 수 있게 됩니다. 서로가 서로의 든든한 지지자가 되어 줄 수 있죠.

하지만 초등 저학년 시기의 아이들에게 경청은 결코 쉬운 일이 아닙니다. 이 나이의 아이들은 발달단계상 자기중심적 사고가 강하고, 자신의 생각과 감정을 표현하는 데 집중하느라 다른 사람의 이야기를 주의 깊게 듣기 어렵습니다. 게다가 현대사회의 여러 요인들이 이런 어려움을 더욱 가중시키고 있습니다.

요즘 아이들은 빠르게 변하는 영상과 게임, 짧은 동영상 콘텐츠에 익숙합니다. 몇 초 만에 장면이 바뀌고, 클릭 한 번이면 다른 콘텐츠로 넘어갈 수 있는 환경에서 자랐기 때문에 한 가지 일에 오랫동안 집중하는 것을 어려워하지요. 친구의 이야기는 어떨까요? 게임처럼 화려한 그래픽이나 동영상처럼 빠른 전개가 있을 리 만무하니 아무래도 지루하게 느껴질 수밖에 없겠죠.

이런 환경에서 자란 아이들은 대화 중에도 다른 것들이 궁금하고 머릿속에 하고 싶은 말이 떠올라 친구의 말에 좀처럼 집중하지 못합니다. 마치 영상을 보다가 '빨리 감기 버튼'을 누르고 싶어 하는 것처럼, 친구의 이야기도 빨리 끝나기를 바라는 마음이 생기기 쉽죠.

현대 교육 환경의 영향도 큽니다. 아이들은 항상 자신을 드러내고 표현해야 한다는 압박을 받습니다. 발표를 잘해야 하고, 자신의 의견을 적극적으로 표현해야 하며, 다른 사람보다 더 주목받아야 한다는 압박을 끊임없이 느낍니다. 이런 환경에서 듣기는 소극적이고 수동적인 활동으로 여겨지기 쉽습니다. 아이들은 자연스레 이렇게 생각하게 되죠. '친구 이야기를 들어 주는 것보다는 내가 더 재미있는 이야기를 해서 관심을 받는 게 중요해.'

감정 표현의 어려움도 빼놓을 수 없습니다. 핵가족화와 개인주의 문화가 확산되면서 아이들이 다양한 감정을 경험하고 표현할 기회가 줄어들었습니다. 특히 어려운 감정이나 복잡한 마음을 나눠 본 경험이 절대적으로 부족한 까닭에 친구가 그런 이야기를 할 때 어떻게 반응해야 할지 막막해하죠. 그뿐만 아니라 감정을 표현하는 어휘력도 부족합니다. '좋다' '싫다' '재미있다' '지루하다' 정도의 단순한 표현만 알고 있어서 친구의 복잡하고 섬세한 감정을 이해하고 공감하는 데 어려움을 느끼기도 합니다.

즉각적인 해결을 선호하는 문화도 한몫합니다. 요즘 아이들은 문제가 생기면 빠르게 해결책을 찾는 것에 익숙합니다. 모르는 것이 있으면 인터넷에서 검색하고, 게임에서 막히면 공략을 찾아보며 모든 것을 즉석에서 해결하려고 하지요. 이런 사고방식은 친구 관계에도 적용됩니다. 친구가 고민이나 어려움을 이야기하면 즉시 해결책을 제시하려고 하죠. 하지만 대부분의 경우에 친구가 원하는 것은 해결책이 아닙니다. 그보다는 자신의 마음을 이해해 주고 공감해 주길 바라지요.

무엇보다 자연스러운 학습의 장이 사라졌습니다. 예전에는 대가족 시스템에서 할아버지, 할머니의 긴 옛날이야기를 들으며 자연스럽게 경청하는 방법을 배웠습니다. 동네 아이들과 어울리며 나이가 다른 친구들의 다양한 이야기를 듣기도 했지요. 하지만 지금은 다릅니다. 애당초 각 가정의 가족구성원이 적은 데다가 각자 개인적인 활동으로 바빠서 서로 깊이 있는 대화를 할 시간이 없다시피 합니다.

이런 복잡한 상황 속에서 아이에게 경청의 중요성과 그 방법을 가르치는 일은 부모의 몫일 수밖에 없습니다. 경청은 단순히 친구 관계에만 도움이 되는 것이 아닙니다. 아이의 전반적인 사회성은 물론이고, 학습 능력이나 감정 조절 능력 발달과 직결되는 매우 중요한 기술입니다.

무엇보다 경청은 단순히 친구의 말을 듣는 것 이상의 의미를 가집니다. 진정한 경청은 친구의 존재 자체를 인정하고 존중한다는 메시지를 전달합니다. 친구가 이야기할 때 온전히 집중해서 들어 주면, 친구는 생각합니다. '내가 중요한 사람이구나' '내 이야기가 가치 있구나'라고요. 이런 경험 하나하나가 친구의 자존감을 높여 주고, 서로에 대한 신뢰를 깊게 만듭니다.

게다가 경청은 상호(보완)적 행위입니다. 아이가 친구의 이야기를 진심으로 들어 주면, 친구도 아이의 이야기에 더 귀 기울입니다. 서로를 존중하고 배려하는 선순환 구조가 자연스럽게 만들어지는 것이죠. 이 과정에서 아이는 친구의 생각과 감정, 경험을 깊이 이해하게 됩니다. 겉으로는 밝아 보이는 친구가 사실은 속으로 고민이 많다는 것을 알게 되기도 하고, 평소에는 조용한 친구가 정말 재미있는 상상력을 가지고 있다는 사실을 발견하기도 하지요.

경청은 친구에게만 도움이 되는 것이 아닙니다. 아이 자신에게도 많은 이익을 가져다줍니다. 다른 사람의 이야기를 주의 깊게 들으며 아이는 다양한 관점과 경험을 간접적으로 체험합니다. 친구의 이야기를 통해 자신이 경험하지 못한 상황들을 미리 알아보고, 비슷한 상황에 처했을 때 어떻게 대처해야 할지 배우게 되지요. 이는 또한 학습 능력과도 직결됩니다. 경청하는 과정에서 아이는 자연스럽게 인내심과 집중력을 키웁니다. 선생님의 설명을 집중해서 들을 수 있고, 다른 사람의 발표나 의견을 정확하게 이해할 수 있게 됩니다.

그렇다면 경청이란 도대체 무엇이고 어떻게 할 수 있는 걸까요? "민지야, 친구 이야기 잘 들어 줬어?" "네, 들었어요!" "그래? 친구가 뭐라고 했는데?" "음… 그게… 잘 기억이 안 나요" 아이는 분명 친구 옆에 있었고 친구가 말하는 소리도 들었지만, 정작 친구가 무슨 이야기를 했는지는 기억하지 못합니다. 아이는 경청을 한 게 아니라 그냥 친구의 이야기를 '듣고 있었을' 뿐인 겁니다.

부모는 아이에게 경청과 단순히 듣기의 차이를 알려 줘야 합니다. 단순히 듣는다는 것은 친구가 말하는 소리가 귀에 들어오기는 하지만, 다른 생각을 하거나 다른 일에 신경을 쓰면서 대충 듣는 것을 의미합니다. 마치 텔레비전이 켜져 있지만 다른 일을 하면서 소리만 흘려듣는 것과 비슷하달까요.

반면 진짜 경청은 친구의 이야기에 온전히 집중하며, 말의 내용뿐만 아니라 감정과 의도까지도 이해하려고 노력하는 것입니다. 저녁 식사 시간에 아이와 이야기를 나누면서 이런 개념을 설명해 보세요. "엄마가 지금 네 이야기를 들으면서 핸드폰을 본다면 기분이 어떨 것 같아?" "엄마가 네 눈을 보면서 고개를 끄덕이며 들어 주는 것과, 다른 일을 하면서 '응응' 하는 것 중에 어떤 게 더 좋아?" 이런 질문을 주고받으며 부모가 실제로 아이의 이야기를 진심으로 들어 주는 모습을 보이면, 아이는 자연스럽게 경청이 무엇인지 배우게 됩니다.

아이에게 경청을 가르치기 위해서는 먼저 '듣기 좋은 환경'을 만드는 것이 우선돼야 합니다. 가정에서부터 이런 환경을 만들어 주면, 아이는 자연스럽게 친구들과의 관계에서도 같은 방식을 적용하게 됩니다.

이때 가장 중요한 것은 대화를 방해할 만한 요소를 제거하는 것입니다. 텔레비전이 켜져 있거나, 핸드폰을 만지작거리거나, 다른 일을 하면서 대화하면 제대로 된 소통이 이루어지기 어렵습니다. 아이와 중요한 이야기를 나눌 때는 텔레비전을 끄고, 핸드폰을 멀리 두고, 서로 마주 앉아서 대화하는 습관을 들여 보세요.

형제자매가 있는 경우, 한 사람이 이야기할 때는 다른 사람이 끼어들지 않고 끝까지 듣는 규칙을 만드는 것도 좋습니다. "지금은 오빠가 이야기하는 시간이니까 끝날 때까지 기다렸다가 네 이야기를 하자"라고 말하며 차례를 지키는 법을 가르쳐 주세요. 이런 경험을 통해 아이는 다른 사람의 이야기를 끝까지 듣는 게 얼마나 중요한지 배우게 됩니다.

경청의 기술

경청에서 표정과 몸짓은 매우 중요한 역할을 합니다. 말로 "열심히 듣고 있어"라고 하지 않아도, 얼마든지 표정과 몸짓을 통해 상대방은 아이가 진심으로 듣고 있음을 느낄 수 있습니다. 그러니 아이에게 가장 기본적인 것부터 가르쳐 주세요. 친구가 이야기할 때는 친구를 바라보는 거라고, 다른 곳을 보거나 장난감을 만지작거리면서 듣는 것이 아니라 친구의 얼굴을 보고 눈을 마주치면서 듣는 게 중요하다고 알려 주세요. 다만 너무 뚫어지게 쳐다보면 부담스러울 수 있으니, 자연스럽게 시선을 맞추는 정도면 충분하다고 설명해 주세요.

고개를 적당히 끄덕이는 것도 좋은 방법입니다. 집에서 아이가 이야기할 때 부모가 고개를 끄덕이며 듣는 모습을 보여 주고 "엄마가 이렇게 고개를 끄덕이면 네 이야기를 잘 듣고 있다는 뜻이야. 친구한테도 이렇게 해 주면 친구가 기분 좋아할 거야"라고 설명해 주세요.

표정도 이야기 내용에 맞춰서 자연스럽게 변화를 주는 것이 좋습니다. 부모가 재미있는 이야기를 할 때와 속상한 이야기를 할 때 아이의 표정이 어떻게 달라지는지 확인하면서 "친구가 재미있는 이야기를 하면 미소를 짓고, 속상한 이야기를 하면 걱정스러운 표정을 지어 줘. 그럼 친구도 네가 정말로 자기 마음을 이해해 주고 있다고 느낄 수 있어"라고 알려 주세요.

경청한다고 해서 꼭 친구가 다 말할 때까지 가만히 있을 필요는 없습니다. 외려 중간중간 적절한 반응을 보여 주는 편이 좋아요(말을 끊으라는 의미는 아닙니다). 초등 저학년도 바로 따라 해 볼 수 있는 가장 간단한 반응은 "응" "그래" "맞아" 같은 짧은 대답들입니다. "민지야, 오늘 학교에서 뭐 했어?" "미술 시간에 그림을 그렸어요" "응, 그랬구나. 무슨 그림?" 이런 식으로 부모가 먼저 자연스럽게 반응해 나가면 아이도 이에 금세 익숙해집니다.

때로는 아이의 말을 간단히 요약해서 확인해 주는 것도 좋습니다. "그러니까 네가 말하고 싶은 건, 친구랑 같이 놀고 싶었는데 친구가 네가 아닌 다른 친구랑 놀아서 속상했다는 거지?" 이렇게 말하면 아이는 부모가 자신의 이야기를 제대로 이해했는지 확인할 수 있고, 더 정확히 설명할 기회를 갖게 됩니다.

감탄사를 적절히 사용하는 것도 효과적입니다. 상대방의 이야기에 대한 관심과 흥미를 표현할 수 있는 "와, 정말?" "어머나!" "대단하다!" 같은 반응들을 아이와 함께 연습해 보세요. 부모가 재미있는 이야기를 하면 아이가 "와, 정말요?"라고 반응하게 하고 "그렇지! 방금 그렇게 얘기해 주니까 네가 재미있게 듣고 있다는 게 느껴져서 엄마도 더 신나게 이야기하게 돼"라고 피드백을 해 주세요.

경청의 중요한 기술 중 하나는 적절한 질문을 통해 상대방의 이야기를 더 깊이 이해하는 것입니다. 그렇다면 어떤 질문을 해야 바람직할까요? 우선은 사실을 확인하는 질문부터 시작하세요. 가정에서 아이가 학교에서 있었던 일을 이야기를 할 때 "그게 언제 일어난 일이야?" "누가 그런 말을 했다고?" "어디에서 그런 일이 있었어?" 같은 질문들을 자연스럽게 던져 보세요. 아이는 부모의 질문에 답을 하기 위해 상황을 더 자세히 설명하게 될 테고, 이런 경험을 통해 친구들에게도 비슷한 질문을 할 수 있게 됩니다.

사실을 확인했다면 그다음은 감정에 대해 물어볼 차례입니다. "그때 기분이 어땠어?" "지금은 어떤 마음이야?" 같은 질문들을 통해 아이는 상대방의 감정을 더 깊이 이해할 수 있게 됩니다. 아이가 "친구가 나한테 연필을 안 빌려줬어"라고 말하면 "그랬구나. 그때 네 기분이 어땠어?"라고 물어보세요. 이런 질문을 반복적으로 받다 보면, 아이도 자연스럽게 다른 사람의 감정에 관심을 갖게 될 거예요. 다만 질문할 때는 심문하는 것처럼 느껴지지 않도록 주의해야 한다고 가르쳐 주세요. 너무 많은 질문을 연달아 하거나, 대답하기 싫어하는 부분을 억지로 캐물으면 상대방이 부담스러워할 수 있으니까요.

공감하는 법

"엄마, 친구가 시험을 못 봐서 울었어요."

"그래? 그래서 뭐라고 해 줬어?"

"안됐다고 했어요. 그랬더니 친구가 더 속상해하는 것 같았어요."

아이는 친구를 위로하려고 했지만 친구는 오히려 더 속상해한 것 같아 보이죠? 왜 그랬을까요? 아마도 그 친구는 자신이 동정받았다고 느꼈을 가능성이 큽니다.

부모는 아이에게 공감과 동정의 차이를 알려 줘야 합니다. 동정은 친구의 어려운 상황을 위에서 내려다보며 '불쌍하다' '안됐다'라고 느끼는 것입니다. 동정할 때 나와 친구 사이에는 '나는 괜찮지만 저 친구는 힘들구나'라는 식으로 자연스럽게 거리감이 생깁니다.

반면 공감은 '만약 내가 친구 상황이었다면 어땠을까?' 식으로 친구의 입장이 되어서 친구의 감정을 함께 느끼는 것입니다. 친구가 속상하면 나도 마음이 아프고, 친구가 기쁘면 나도 따라 기뻐하는 거죠. 이때 나와 친구 사이의 거리는 한없이 가까워집니다.

그러니 아이에게 이렇게 알려 주세요. "친구가 시험을 못 봤다고 속상해하면 '안됐네, 그래도 다음에 잘하면 되잖아'라고 하는 것은 동정이야. 하지만 '와, 정말 속상하겠다. 열심히 준비했는데 원하는 대로 결과가 안 나오면 정말 힘들지'라고 말해 주는 건 공감이야. 차이가 느껴지니?" 그런 다음 아이 스스로 어떤 반응을 받았을 때 더 기분이 나아지는지 직접 경험하게 해 주세요.

공감을 잘하려면 먼저 친구가 어떤 감정을 느끼고 있는지 정확하게 파악할 줄 아는 능력이 필요합니다. 평소 가정에서 "오늘 학교에서 선생님이 어떤 표정을 지으셨어? 기분이 좋아 보이셨어, 아니면 피곤해 보이셨어?"처럼 아이의 주변 사람들에 관한 질문을 해서 아이로 하여금 다른 사람의 감정에 관심을 갖게 해 주세요.

표정 카드를 만들어서 놀이처럼 연습할 수도 있습니다. 다양한 표정이 그려진 그림을 보면서 "이 카드는 지금 어떤 기분을 표현하고 있는 걸까?"를 맞춰 보는 겁니다. 이를 통해서도 아이는 표정을 통해 감정을 읽는 능력을 기르게 됩니다.

물론 친구가 입 밖으로 내뱉는 말과 실제 속마음은 다를 수 있습니다. 그럴 땐 이렇게 말해 보라고 알려 주세요. "친구가 '괜찮아'라고 말하면서도 표정이 계속 어둡다면 사실은 괜찮지 않을 수 있어. 그럴 때는 '정말 괜찮은 거 맞아? 뭔가 속상해 보이는데'라고 물어봐 주면 친구도 용기를 내서 진짜 마음을 말할 수 있어."

무엇보다 부모부터 아이에게 자신의 감정을 자주 표현해 줘야 합니다. "엄마는 오늘 회사에서 힘든 일이 있어서 좀 피곤해" "아빠는 너희들이 싸우는 걸 보니까 속상하다"처럼 구체적으로 감정을 표현하면, 아이는 다양한 감정의 이름을 배우고 상황과 감정의 연결을 이해하게 됩니다.

친구의 감정을 파악했다면, 그 감정을 판단하거나 평가하지 않고 있는 그대로 인정해 주는 것이 중요합니다. 하지만 아이들은 종종 친구의 감정을 평가하거나 축소하는 실수를 합니다. "그런 걸로 화낼 필요 있어?" "별거 아닌데 왜 그래?" "너무 예민한 거 아냐?" 같은 말들은 친구의 감정을 평가절하하는 것이며, 이런 말을 들은 친구는 '내가 이상한가?' '내가 뭘 잘못했나?' 하고 괜히 주눅들게 됩니다. 그러니 아이에게 이런 말들은 하지 말라고 가르쳐 주세요.

그 대신 친구의 감정을 인정하는 표현들을 알려 주세요. "그런 일이 있었다면 화가 날 만하다" "그 상황에서는 당연히 속상할 수 있어" "정말 힘들었겠구나"와 같은 표현들을요. 가정에서 아이가 감정을 표현할 때 이런 방식으로 반응해 주면, 아이는 자연스럽게 친구에게도 같은 방식으로 반응하게 됩니다.

아이가 감정을 인정하는 표현들을 배웠다면 여기서 한 걸음 더 나아가 구체적으로 공감을 표현하는 방법을 알려 주세요. 막연하게 "그렇구나" "힘들겠다"라고만 하는 것보다는 구체적이고 세밀한 공감이 상대방에게는 더 큰 위로가 됩니다. 예를 들어 친구가 발표를 망쳐서 부끄럽다고 한다면 "발표를 망쳐서 부끄러웠구나"보다는 "준비를 열심히 했는데 갑자기 말이 안 나와서 당황스럽고 다른 친구들이 다 보고 있어서 더 부끄러웠을 것 같아"라고 구체적으로 공감해 주는 편이 좋다고 알려 주세요. 가정에서도 아이가 만약 "오늘 체육 시간에 달리기 꼴등 했어요"라고 말한다면 "그랬구나"라고만 하지 말고, "그랬구나. 열심히 뛰었는데 꼴등을 하니까 속상하고, 친구들이 다 보고 있어서 부끄럽기도 했을 것 같아. 다음에도 또 그럴까 봐 걱정도 될 것 같고"라고 구체적으로 공감해 주세요. 아이는 이런 경험을 통해 구체적인 공감이 얼마나 위로가 되는지 배우게 됩니다.

비슷한 경험을 한 적이 있다면 이를 짧게 언급하며 공감하는 것도 좋은 방법입니다. "엄마도 비슷한 경험이 있어서 네 기분을 정말 잘 알 것 같아. 그때 정말 속상했거든"이라고 말하면 아이는 혼자가 아니라는 느끔을 받을 수 있습니다. 다만 이때 부모 자신의 이야기가 너무 길어지지 않도록 주의해 주세요. 이는 어디까지나 아이에게 공감 표현을 가르치기 위한 수단일 뿐 화제를 자신에게로 돌리는 게 목적이 아니라는 점을 명심해야 합니다.

공감을 표현할 때 피해야 할 실수들

아이들은 공감을 표현하려다가 의도치 않게 친구에게 상처를 주는 경우가 있습니다. 가장 흔한 예로는 친구의 이야기를 듣다가 자신의 이야기로 화제를 돌리는 것입니다. "나도 그런 적 있어. 그때 나는…" 식으로 시작해서 자신의 경험담을 길게 늘어놓으면, 친구 입장에서는 자신의 이야기가 무시당했다고 느낄 수 있습니다. 그러니 "친구가 이야기할 때는 친구 이야기에 집중하는 거야. 네 이야기는 나중에 따로 할 수 있어"라고 알려 주세요.

친구에게 성급하게 조언하려 드는 것도 피해야 합니다. "그럼 이렇게 하면 되잖아" "왜 진작 그렇게 안 했어?" 같은 말들은 친구의 감정을 무시하고 문제를 단순화하는 것처럼 들릴 수 있습니다. 그럴 땐 "친구가 조언을 원하지 않을 수도 있어. 먼저 충분히 공감해 주고, 친구가 '어떻게 하면 좋을까?'라고 물어봤을 때 조언해 주는 게 좋아"라고 지도해 주세요.

비교하는 말도 위험합니다. "다른 사람들은 그런 일로 속상해하지 않아" "나보다는 낫잖아" 같은 말을 들으면 친구는 자신의 감정이 부정당했다고 느낄 수 있습니다. 이런 경우 "친구에게는 그 일이 정말 큰일이니까 다른 사람과 비교하지 말고 친구의 마음을 이해해 주려고 노력해야지"라고 말해 주세요.

너무 성급하거나 현실성 없는 낙관론 역시 피해야 합니다. "지금은 힘들지만 시간이 지나면 분명 좋아질 거야"보다는 "지금은 정말 힘들겠지만, 네가 이런 어려움을 겪으면서 더 성숙해지고 있는 것 같아"처럼 현재의 어려움을 인정하면서도 그 속에서 긍정적인 의미를 찾는 식의 대답이 좋다고 가르쳐 주세요.

감정 어휘력을 풍부하게 만드는 방법

공감을 잘하려면 감정과 관련한 어휘력이 풍부해야 합니다. 하지만 초등 저학년 아이들은 '좋다' '싫다' '화나다' '슬프다' 정도의 단순한 감정 표현만 알고 있는 경우가 많죠.

어떻게 하면 아이의 '감정 어휘력'을 풍부하게 해 줄 수 있을까요? 당연한 이야기겠지만 부모가 일상에서 아이에게 다양한 감정 표현을 접하게 해 주는 수밖에 없겠죠. "엄마는 오늘 회사에서 인정받아서 뿌듯해" "아빠는 너희들이 싸우는 걸 보니까 답답하다" "할머니가 오신다니까

설레네" 같은 표현들을 자주 사용하면 아이는 다양한 감정의 이름을 배우게 됩니다.

책을 읽으면서 등장인물의 감정에 대해 이야기를 나눠 보는 것도 좋은 방법입니다. "이 친구는 지금 어떤 기분일 것 같아?" "왜 그런 기분이 들었을까?" 같은 질문을 던지며 감정을 읽고 이해하는 연습을 해 보세요.

감정 카드나 감정 차트를 만들어서 벽에 붙여 놓는 것도 도움이 됩니다. 다양한 감정의 이름과 표정이 그려진 차트를 보면서 "오늘 네 기분은 이 중에 어떤 거야?"라고 물어보는 식으로 아이가 자신의 감정을 표현하게 해 보세요.

경청은 타고나는 능력이 아니라 지속적으로 발전시켜야 하는 기술입니다. 부모는 아이에게 가장 따라 하기 쉬운 역할모델이 됩니다. 부모가 먼저 아이의 이야기에 진심으로 귀 기울이고 공감하는 모습을 보여 줘야만 아이는 자연스럽게 경청의 중요성을 배우고 이를 자신의 삶에 적용할 수 있습니다.

실전 예시

공감 표현하기 역할극

○ **상황: 시험을 못 본 친구 위로하기**

- 잘못된 반응: "그래도 시험 좀 못 본 거 가지고 너무 속상해하지 마. 다음에 잘

하면 되잖아."

\- 올바른 반응: "민지야, 무슨 일이야? 표정이 안 좋아 보이는데" (민지가 상황을 설명하면) "와, 그럼 정말 당황스러웠겠다. 열심히 준비한 만큼 더 속상할 것 같아. 어떤 부분이 가장 어려웠니?" (상황을 더 자세히 물은 후) "그런 문제가 나왔구나. 준비한 것과 다른 유형이 나오면 정말 난감하지"(이해와 공감 표현) "지금은 정말 속상하겠지만, 너의 노력은 분명 의미가 있어. 혹시 내가 도울 수 있는 게 있으면 언제든 말해"(위로와 지지를 표현).

3

서로 칭찬하는 말하기

칭찬도 배워야 잘한다

"오늘 민수가 발표를 정말 잘했는데…" 아이가 말을 흐립니다. 부모는 기다립니다.

"그래서 뭐라고 했어?"

"아무 말도 안 했어요. 그냥… 어색해서요."

많은 아이들이 친구를 칭찬하고 싶은 마음은 있지만, 막상 말로 표현하는 것은 어려워합니다. "멋있다"라는 말 한마디가 입 밖으로 나오지 않습니다. 쑥스럽고, 어색하고, 왠지 민망하게 느껴지기 때문입니다.

제가 미국에서 15년 정도 살면서 한국과 가장 다르다고 느꼈던 부분이 바로 이 '서로 칭찬하는 말하기'입니다. 저는 일상을 보내면서 자주 "안경 너무 멋지다" "네가 입은 재킷 너무 예쁘다. 어디서 샀어?"와 같은 칭찬을 길거리나 마트에서 심심찮게 듣습니다. 별거 아닌데도 괜히 기분이 좋아지고 어깨가 으쓱해지는 느낌이 듭니다. 학교에서도 학생들끼리 "너 방금 발표 진짜 좋았어"라고 서로를 칭찬하는 말을 스스럼없이 합니다. 그런데 잘 생각해 보면 한국에서는 모르는 사람에게서는 물론이거니와, 친구들 사이에서도 이런 칭찬하는 말을 듣기가 어려운 것 같습니다.

특히나 어린아이들에게 칭찬은 마법과 같은 힘을 가지고 있습니다. 작은 칭찬 한마디가 친구의 하루를 밝게 만들고 자신감을 북돋아 주며,

더 나은 사람이 되고 싶은 동기를 부여합니다. 또한 칭찬을 주고받는 관계는 향후 서로를 존중하고 아끼는 건강한 우정으로 발전하지요.

많은 부모들이 '칭찬은 누구나 당연히 할 수 있는 거 아니야?'라고 생각합니다. 하지만 '진심 어린 칭찬'은 생각보다 훨씬 어려운 기술입니다. 특히 요즘 아이들에게는 더욱 그렇습니다. 형식적인 칭찬은 되레 진심이 아닌 것처럼 들릴 수 있는 한편, 칭찬을 받는 데도 익숙하지 않아서 어떻게 반응해야 할지 몰라 당황하기도 합니다.

오늘날의 교육 시스템은 아이들을 끊임없이 비교하고 순위를 매기는 구조로 되어 있습니다. 시험 점수, 등수 등으로 항상 평가받고, 누가 더 잘하는지 우열을 가리기 바쁘죠. 이런 환경에서 자란 아이들은 친구를 협력의 대상이 아닌 경쟁의 대상으로 보기 쉽습니다.

친구를 경쟁자로 인식하게 되면 친구의 성공이나 장점을 인정하고 칭찬해 주기 어려워집니다. '내가 친구를 칭찬하면 친구는 지금보다 더 잘하게 되고, 그럼 나는 뒤처지는 게 아닐까?'라는 걱정이 무의식 중에 떠오릅니다. 친구가 발표를 잘했을 때도 '나는 저렇게 못 하는데'라는 부러움이나 질투가 먼저 떠올라서 칭찬의 말이 입 밖으로 나오기 어려워집니다.

아이들은 주변 환경으로부터 듣는 언어를 자연스럽게 학습하고 모방합니다. 안타깝게도 우리 사회는 칭찬보다는 "안 돼" "틀렸어" "왜 그렇게 했어?"와 같은 비판과 지적이 더 만연한 편이죠. 특히 텔레비전 예능 프로그램이나 유튜브 콘텐츠에서는 서로를 놀리거나 '디스'하는 것을 재미의 요소로 사용하는 경우가 많습니다. 아이들은 이런 콘텐츠를 보면서 '친구를 놀리는 일은 재미있는 것 혹은 웃긴 일'이라고 학습하게 됩니다.

또 요즘 아이들은 감정을 직접적으로 표현하는 것을 어색하고 부끄럽게 느끼는 경우가 많습니다. 특히 긍정적인 감정을 솔직하게 드러내기를 꺼려하죠. 친구에게 "네가 정말 멋있어" "너를 존경해" 같은 진심 어린 말을 하는 것을 창피해하면서, 괜히 이런 표현을 해서 친구들에게 놀림을 받진 않을까 걱정합니다.

물론 칭찬하고 싶은 마음은 굴뚝같지만, 어떤 말로 표현해야 할지 몰라서 애를 먹는 경우도 있습니다. '멋있다' '잘한다' '대단하다' 정도의 단순한 표현만 알고 있어서 구체적이고 의미 있는 칭찬을 하기 어려워한달까요. 특히 외적인 것 외에 내면의 장점이나 노력, 태도 등을 칭찬할 때는 더욱 어휘가 부족해집니다. 그럴 땐 상황에 맞는 다양한 칭찬 표현을 가르쳐 주면 좋습니다.

- 노력과 과정에 대한 칭찬: "열심히 노력했구나" "끈기 있게 계속하는 모습이 대단해" "포기하지 않는 네가 멋있어" 등.
- 성품에 대한 칭찬: "착한 마음씨를 가졌구나" "정직한 네가 자랑스러워" "책임감이 있구나" "배려심이 깊구나" 등.
- 능력에 대한 칭찬: "창의적이야" "표현력이 뛰어나" "관찰력이 좋아" "이해가 빨라" 등.

- 태도에 대한 칭찬: "긍정적인 태도가 좋아" "적극적으로 참여하는구나" "협력을 잘하는구나" 등.

책을 읽으면서 등장인물의 좋은 점을 찾아보는 활동도 도움이 됩니다. "이 주인공은 어떤 점이 좋은 것 같아?" "용감해요!" "그렇지, 어떤 부분에서 용감하다고 느꼈어?" 이런 대화를 통해 아이는 다양한 장점을 표현하는 어휘를 자연스럽게 배우게 됩니다.

긍정적인 말의 힘 가르치기: 말이 현실을 만든다

부모는 아이에게 말의 힘에 대해 가르쳐야 합니다. 말은 단순히 소리를 전달하는 것이 아니라 실제로 현실을 '만들어 내는' 힘을 가지고 있습니다. 심리학자들은 이를 '자기 충족적 예언_{self-fulfilling prophecy}'이라 부르죠.

친구에게 긍정적인 말을 자주 해 주면 친구는 스스로에 대해 긍정적으로 생각하게 됩니다. '나는 괜찮은 사람이구나' '나도 잘하는 게 있구나'라고 느끼며 자존감이 높아집니다. 반대로 부정적인 말을 자주 들으면 '나는 안 되는 사람인가 봐' '나는 가치가 없나 봐'라고 생각하게 되고, 실제로도 만족스러운 성과를 내지 못하게 되는 악순환에 빠질 수 있습니다.

과학적인 근거를 간단히 설명해 주는 것도 좋습니다. "뇌과학자들이 연구했는데, 칭찬을 들으면 뇌에서 행복 호르몬이 나온대. 그 호르몬이 기분을 좋게 만들어 줄 뿐만 아니라, 공부도 더 잘되게 해 주고 창의력도 높여 주나 봐. 칭찬은 정말 마법 같은 거야" 식으로요.

칭찬은 사람과 사람 사이의 관계를 강화하는 강력한 도구입니다. 그러니 아이에게 이를 실제 경험으로 느끼게 해 주는 것이 중요합니다. "민지야, 친구가 너를 칭찬해 줬을 때 기분이 어땠어?" "좋았어요" "그 친구가 더 좋아졌어?" "네, 그 친구랑 더 친해지고 싶어졌어요" "바로 그거야. 칭찬은 사람들을 가깝게 만들어 주는 거야" 식으로 말이죠.

칭찬을 주고받는 관계는 긍정적인 에너지로 가득 차는 법입니다. 서로의 장점을 찾고 인정해 주는 과정에서 두 사람은 서로 편안하고 즐거운 기분으로 함께 있을 수 있습니다. 반면 비판과 지적만 하는 관계는 점점 피곤해질 뿐이죠.

부모 자신의 경험을 나눠 주는 것도 효과적입니다. "엄마도 직장에서 칭찬을 잘해 주는 동료가 있어. 그 사람과 함께 일하면 힘든 일도 즐겁게 할 수 있어. 반대로 항상 지적만 하는 사람과는 함께 일하기 싫더라고" 식으로 사람들은 함께 있으면 기분이 좋아지는 사람과 가까이 지내고 싶어 한다는 걸 알려 주세요.

칭찬은 받는 사람뿐만 아니라 하는 사람에게도 많은 이익을 가져다 줍니다. 다른 사람의 장점을 찾으려고 노력하다 보면, 자연스레 세상을 긍정적으로 바라보게 되죠. 그런 사람은 인생을 더 행복하게 살 수 있음을 아이에게 잘 설명해 주세요.

진심 어린 칭찬은 어떻게 하는 걸까?: 구체적으로 칭찬할 것

진심이 담긴 칭찬과 형식적인 칭찬의 가장 큰 차이는 구체성입니다. 아이에게 막연한 칭찬과 구체적인 칭찬의 차이를 알려 주세요. 아이가 숙제를 잘했을 때 그냥 "숙제 잘했네"라고만 하지 말고, "숙제할 때 글씨를 정말 또박또박 썼구나. 선생님이 읽기 편하실 것 같아. 그리고 문제를 풀 때 중간 과정도 다 적어 놔서 나중에 복습하기 좋겠다"라고 구체적으로 칭찬해 주세요. 일상생활에서 부모가 먼저 모범을 보이는 것이 가장 효과적입니다.

많은 아이들이 외모나 결과 중심의 칭찬에 익숙해져 있습니다. 그런 가운데 부모는 아이에게 더 의미 있는 칭찬 방법을 가르쳐야 합니다. "민지야, 친구를 칭찬할 때 '예쁘다' '잘생겼다'보다 더 좋은 칭찬이 있어. 그 친구가 노력한 것, 그 친구의 착한 마음, 좋은 습관 같은 걸 칭찬하는 거야. '시험 잘 봤네'보다는 '매일 열심히 공부하는 네 모습이 대단해'라고 하는 거지." 외모는 타고난 것이고 본인이 통제할 수 없는 부분이 많습니다. 외모 칭찬만 계속 받다 보면 친구는 자신이 받은 칭찬이 어딘가 피상적이라고 느낄 수밖에 없어요.

성품이나 태도를 칭찬하는 것도 좋습니다. "너는 항상 약속을 잘 지키는구나. 그런 책임감이 정말 멋있어" "어려운 문제를 만났을 때 포기하지 않고 계속 도전하는 네 끈기가 대단해"와 같은 칭찬들은 아이의 본질적인 가치를 인정해 주는 것이므로 정서적으로 훨씬 더 깊은 영향을 미칩니다.

결과만 칭찬하는 게 아닌, 그 과정과 성장을 함께 칭찬하는 것도 중요합니다. 결과 중심의 칭찬만 받게 되면 결과가 좋지 않을 때 아이는 스스로를 '가치 없는 사람'으로 여기게 될 수도 있거든요. 아이가 시험을 망쳤다고 가정해 봅시다. "왜 이렇게 못 봤어?"라고 질책하는 대신 이렇게 말해 보세요. "이번 결과는 아쉽지만, 매일 저녁 열심히 공부하는 네 모습을 엄마는 봤어. 그 노력 자체가 정말 대단한 거야. 결과는 조금 늦게 따라올 수도 있지만, 그런 노력은 절대 헛되지 않아."

성장과 발전을 칭찬해 주는 것 역시 아이에게는 엄청난 동기부여가 됩니다. "예전에 비해 정말 많이 발전했어" "지난번보다 훨씬 나아진 것 같아"라고 자주 말해 주세요. 아이는 자신이 성장하고 있다는 확신을 갖고 계속 의욕을 불태우며 노력하게 될 겁니다.

한편 아이를 칭찬할 때 다른 사람과 비교하는 일은 피해야 합니다. "너는 다른 애들보다 잘해" "○○보다 훨씬 낫더라"와 같은 칭찬은 아이의 마음속에 건강하지 않은 경쟁심을 키우고 다른 사람을 깎아내리는 습관을 만들 수 있습니다. 가정에서 역시 아이를 다른 형제자매, 또래 친구와 절대 비교하지 마세요. "오빠는 수학을 잘하고, 너는 그림을 잘 그리네"처럼 각자의 장점을 독립적으로 인정해 줘야 합니다. 다만 과거의 아이(자신)와 비교하는 것은 괜찮습니다. "예전보다 훨씬 자신감이 생긴 것 같아" "지난 학기에 비해 정말 많이 발전했어"와 같은 칭찬은 성장을 인정해 주는 것이므로 아이에게도 긍정적인 영향을 줍니다.

칭찬을 받는 것도 기술이다

많은 아이들이 칭찬을 받을 때 어떻게 반응해야 할지 몰라서 당황합니다. "아니에요" "별로 그렇지 않아요"라고 칭찬을 부정하거나, 고개를 숙이고 아무 말도 못 하는 경우가 많습니다. 그러니 부모가 나서서 올바르게 칭찬받는 법을 알려 줄 필요가 있겠죠?

부모: "민지야, 친구가 '그림 정말 예쁘다'라고 칭찬하면 뭐라고 대답할래"

아이: "별로 대단한 건 아니야."

부모: "그렇게 말하면 친구 기분이 어떨까? 친구는 진심으로 예쁘다고 생각해서 칭찬한 건데, 네가 '아니야'라고 하면 친구 판단이 틀렸다는 말처럼 들릴 수 있어. 그러니 그럴 땐 먼저 '고마워'라고 말하는 거야. 그다음에 '열심히 그린 걸 알아봐 줘서 기뻐'라고 하거나 '그렇게 말해 주니까 힘이 나'라고 말하면 돼."

진정한 겸손은 칭찬을 부정하는 것이 아니라 칭찬을 받아들이면서도 자만하지 않는 것입니다. 칭찬을 받고 기뻐하는 것은 자만이 아니라 건강한 자존감의 표현이라고 알려 주세요.

칭찬을 잘 받아들이는 아이는 다른 사람들에게도 칭찬을 더 많이 하게 됩니다. 그러니 가정에서부터 칭찬의 문화를 만들어 보세요. 저녁 시간을 활용해 '오늘의 칭찬' 시간 등을 가져 보는 식으로 가족구성원이 돌아가며 다른 가족의 좋은 점을 하나씩 칭찬해 보는 겁니다. 처음에는 어색하겠지만, 계속하다 보면 자연스러워집니다.

칭찬 노트를 만들어 보는 것도 좋습니다. 아이와 함께 예쁜 노트를 준비하고, 매일 친구들의 좋은 점을 하나씩 찾아서 기록하게 해 보세요. "오늘은 시아가 연필을 빌려줬어요. 친절해요" "지우가 발표를 잘했어요. 목소리가 크고 발음이 또렷했어요"처럼요. 이런 습관은 아이의 긍정적인 시각을 키우고, 타인의 장점을 더 잘 발견하게 만들어 줍니다.

무엇보다 아이 자신도 스스로를 칭찬할 줄 알아야 합니다. 매일 밤 자기 전에 오늘 하루 자신이 잘한 일을 하나씩 찾아서 스스로를 칭찬하게 해 주세요. 자신을 칭찬할 줄 아는 아이가 다른 사람도 진심으로 칭찬할 수 있습니다. 칭찬은 공짜입니다. 돈 한 푼 들지 않지만, 아이에게 줄 수 있는 가장 값진 선물입니다. 오늘부터 아이에게, 그리고 아이의 친구들에게 진심 어린 칭찬을 건네 보세요. 그 작은 용기가 아이의 세상을 조금씩 바꾸어 갈 것입니다.

4

말로
해결해요

요즘 아이들이 대화로
갈등을 풀기 어려워하는 이유

친구와 다툼이 생겼을 때 요즘 아이들이 어떻게 반응하는지 가까이서 관찰해 본 적 있으신가요? 화를 내거나, 울거나, 아예 피해 버립니다. 대화로 차근차근 문제를 풀어 가는 모습은 쉽게 보기 어렵죠. 왜 그럴까요?

아이들에게는 게임이나 유튜브처럼 버튼 하나만 누르면 즉시 결과가 나오는 환경이 익숙합니다. 마음에 들지 않으면 리셋하거나 화면을 끄면 그만이죠. 온라인에서는 싫은 사람을 '차단'하면 끝이지만, 학교에서는 싫어도 매일 같은 친구들을 만나야 합니다. 이런 환경 차이 때문에 아이에겐 현실의 갈등 해결이 더욱 어렵게만 느껴집니다.

학업 부담, 성적 경쟁, 과도한 학원 일정… 아이들은 늘 긴장 상태에 있습니다. 이런 상태에서는 작은 자극에도 과도하게 반응하기 쉽습니다. 게다가 아이 못지않게 바쁜 부모님과 선생님들은 아이의 감정을 차분히 들어 주고 함께 해결 방법을 찾아주기보다는 "참아" "그런 걸로 화내지 마"라고 대응하는 경우가 많습니다. 이런 경우 감정은 억압될 뿐 해소되지 않습니다. 그렇게 쌓인 감정은 갈등 상황에서 한꺼번에 폭발하게 됩니다.

미디어 속에서 자주 볼 수 있는 폭력적 문제 해결 방식도 적잖은 영향을 끼칩니다. 드라마, 영화, 웹툰 등 많은 콘텐츠에서 주인공이 악당을 물리적으로 제압하거나 날카로운 말로 상대를 굴복시키는 장면이 멋지게 그려집니다. 반면 침착하게 대화하며 문제를 해결하는 모습은 지루하게 표현되죠. 그래서 아이들은 무의식적으로 '대화로 문제를 해결하는 것은 약한 것'이라고 오해하게 됩니다. 특히 온라인게임이나 커뮤니티에서는 욕설과 비난이 난무하는 경우가 많습니다. 어른 아이 할 것 없이 모두가 익명성 뒤에 숨어 공격적인 언어를 사용하는 모습을 보면서, 아이들은 갈등 상황에서 공격적으로 반응하는 것이 '정상'이라고 생각하게 됩니다.

갈등 자체를 부정적으로만 보는 시각도 문제입니다. 많은 아이들이 갈등이 생기면 관계가 끝났다고 생각하거나, 누군가 잘못을 저질렀기 때문이라고만 여깁니다. 하지만 갈등이란 서로 다른 생각과 감정을 가진 사람들이 만나면 자연스럽게 생기는 현상입니다. 이때 우리가 해야 하는 일은 갈등을 없애는 것이 아니라, 갈등을 건강하게 다루고 해결하는 것입니다. 아울러 학교에서 대화 기술을 체계적으로 가르치지 않는 현실, 완벽주의에 사로잡혀 실수를 인정하지 못하는 문화. 이 모든 게 아이들로 하여금 대화로 문제를 풀기 어렵게 만듭니다.

다시 한번 강조하지만, 갈등은 나쁜 것이 아닙니다. 타인과 관계를 맺는 과정에서 생길 수 있는 지극히 자연스러운 현상입니다. 오히려 갈등을 건강하게 해결하면 관계는 더 깊어집니다. 서로의 차이를 인정하고 이해하는 과정에서 진정한 우정이 생겨나고, 함께 어려움을 극복했다는 경험이 끈끈한 유대감을 만들어 주죠. 반면 갈등을 회피하거나 폭력적으로 해결하면 관계는 점점 멀어지고 얕아집니다.

그러니 부모들은 아이가 갈등을 '이기고 지는 전쟁'이 아니라 '함께 풀어야 할 문제'로 인식하도록 가르쳐야 합니다. 상대방은 적이 아닙니다. 문제는 '우리 사이에' 있는 것이지 상대방 자체가 문제인 것이 아님을 아이에게 알려 줘야 합니다.

언제나 자기 생각이 옳을 순 없습니다. "나는 이렇게 생각하는데, 네 생각은 어때?"처럼 상대방의 관점에도 나름의 이유가 있을 수 있다는 열린 마음을 갖도록 지도해 주세요. 당연히 인내심도 필요합니다. 갈등은 한 번의 대화로 해결되지 않는 경우가 더 많습니다. 여러 번 대화하고 시간을 두고 생각하면서 조금씩 이해의 폭을 넓혀 가는 과정이 필요할 수 있습니다.

갈등의 유형과 갈등 해결에 앞서 고려해야 할 것

갈등에는 여러 유형이 있습니다. 첫 번째로는 의견이나 선호가 다를 때 발생하죠. 어떤 게임을 할지, 어느 식당에 갈지 등을 정하는 과정에서 생기는 갈등이라고 생각하면 됩니다. 두 번째로는 오해에서 비롯된 갈등입니다. 상대방의 의도를 잘못 이해하거나 정보가 부족해서 생기는 경우입니다. 세 번째로는 가치관이나 신념의 차이에서 오는 갈등입니다. 무엇이 옳고 그른지, 무엇이 더 중요한지에 대한 믿음과 감각이 달라 갈등이 발생하는 경우입니다. 네 번째로는 감정적인 갈등입니다. 누군가의 행동이나 말에 기분이 상했을 때 생깁니다.

갈등의 유형을 이해하면 이를 해결하기 위해 어떤 방식으로 접근해야 할지 알 수 있습니다. 단순한 의견 차이는 타협으로 해결할 수 있지만, 오해에서 비롯된 갈등은 정확한 정보가 공유되어야 하고, 감정적인 갈등은 먼저 감정을 다루어야 합니다.

아이가 친구와 갈등이 생겼다면, 언제 어디서 이야기하는 것이 좋은지 알려 주세요. 먼저 갈등이 생기자마자 오해를 풀겠다고 대화를 시도하는 것은 지양해야 합니다. 화가 난 상태에서는 이성적인 대화가 불가능한 법이니까요. 싸운 직후에는 일단 서로 떨어져서 감정이 진정될 때까지 시간을 가져야 합니다. "지금은 내가 너무 화가 나서 제대로 이야기하기 어려울 것 같아. 조금 진정하고 나중에 다시 이야기할 수 있을까?"라고 말하는 것도 좋은 방법입니다.

수업 시작 직전이나 급하게 어딘가를 가야 할 때보다 시간적 여유가 충분히 확보됐을 때 갈등을 해결하는 편이 좋습니다. 서로 덜 긴장하고 심리적으로 안정될 수 있도록 여유 시간을 확보한 후 대화를 시도하게끔 지도해 주세요.

다른 친구들이 많은 교실 한가운데보다는 조용한 장소가 대화에는 더 적합합니다. 다른 사람들 앞에서 대화하면 체면 때문에 솔직해지기 어렵고, 주변 사람들의 시선이 부담스러워집니다. 복도의 한적한 곳, 운동장 구석, 도서관 등 둘이서 조용히 이야기할 수 있는 공간을 찾는 편이 좋습니다.

또한 대화를 시작하기에 앞서 상대방에게 의사를 물어보는 것이 중요합니다. "우리 이야기 좀 할 수 있을까? 시간 있어?" 식으로 물어 상대방도 준비가 되어 있는지 확인할 필요가 있습니다. 그러지 않고 갑자기 일방적으로 대화를 시작하면 상대방도 당황한 나머지 방어적으로 나올 수 있으니까요.

체계적인 갈등 해결을 위한 대화의 기본 원칙

친구와 화해를 시도하기에 앞서 아이에게 다음 원칙들을 알려 주세요. 가장 먼저 사람이 아닌 문제에 집중해야 한다는 것. "너는 항상 그래" "너는 이기적이야" 같은 인신공격은 절대 안 됩니다. 그 대신 구체적인 행동에 대해 이야기해야 합니다. "어제 네가 약속 시간에 30분이나 늦어서 속상하더라"처럼 특정 행동과 그에 대해 느낀 감정을 연결시켜 표현하는 게 좋습니다.

'나-메시지'를 활용하는 것도 효과적입니다. "너는 나를 무시했어"가 아닌 "나는 무시당한 것 같은 기분이 들었어" "너 때문에 화가 나"가 아닌 "나는 화가 났어" 식의 말하기는 상대에게 자신이 비난받는다는 기분을 느끼지 않도록 해 줍니다. 자연스레 덜 방어적인 태도를 취하게 되고 열린 마음으로 대화에 임하게 되겠죠.

단호하면서도 공격적이지 않은 태도로 말하는 것 역시 중요합니다. 너무 소극적으로 "뭐, 별로 중요하지 않지만…"이라고 말하면 진짜 속마음은 제대로 전달되지 않습니다. 반대로 "무조건 이렇게 해야 해"라고 강압적으로 말하면 상대방도 방어적인 태도가 되고 말아요. "나에게는 이게 정말 중요해. 내 입장을 이해해 줄 수 있을까?"라고 단호하면서도 상대를 존중하는 태도로 말할 수 있어야 합니다.

과거를 들춰내는 식의 말하기도 지양해야 합니다. "저번에도 그랬잖아" "넌 항상 그래 왔어" 같은 표현은 문제해결에 전혀 도움이 되지 않을뿐더러 상황을 악화시키기만 합니다.

자기 말만 하고 상대방의 말은 듣지 않는다면 이는 대화라고 할 수 없습니다. 갈등을 해결하기 위해선 상대방의 관점을 진심으로 이해하려고 노력해야 합니다. 아이에게 상대방이 말할 때는 끝까지 듣고, 중간에 끼어들거나 반박하지 않는 '경청의 자세'가 중요하다는 것을 알려 주세요.

또 누가 잘못했는지 잘잘못을 따지는 것보다 앞으로 어떻게 할 것인지 해결책을 찾는 데 집중해야 합니다. "이번 일로 우리가 배운 것은 뭘까?" "다음에는 어떻게 하면 좋을까?"처럼 미래 지향적 질문을 던지도록 지도해 주세요.

갈등을 체계적으로 해결하려면 단계적으로 접근하는 편이 좋습니다. 각 단계를 차근차근 밟아 가면 복잡해 보이는 문제도 얼마든지 해결할 수 있습니다.

○ **1단계 문제: 정의하기**

문제를 인지합니다. "우리 사이에 뭔가 문제가 있는 것 같아. 너는 어떻게 생각해?"는 물음으로 시작할 수 있습니다. 서로가 문제를 어떻게 보고 있는지 확인하고, 공통된 이해를 만들어야 합니다.

○ **2단계: 감정 나누기**

각자의 감정을 나눕니다. "나는 그때 정말 속상했어" "나는 외로웠어" "나는 무시당한 기분이었어"처럼 자신의 감정을 표현하고, 상대방의 감정도 들어 줍니다. 감정이 충분히 표현되고 인정받아야 다음 단계로 나아갈 수 있습니다.

○ **3단계: 문제 원인 파악하기**

왜 이런 일이 생겼는지 각자의 관점에서 설명합니다. 이때 상대방을 비난하지 않고 사실만을 이야기하려고 노력해야 합니다. "나는 이렇게 생각했는데, 너는 어때?"라고 물으며 서로의 관점 차이를 이해합니다.

○ **4단계: 문제 해결 방법 찾기**

어떻게 하면 이 문제를 해결할 수 있을지 함께 아이디어를 냅니다. 한 사람이 일방적으로 해결책을 제시하는 것이 아니라, 둘 다 만족할 수 있는 방법을 함께 찾아야 합니다. "네 생각에는 어떻게 하면 좋을 것 같아?" "이런 방법은 어떨까?"라고 물으며 협력합니다.

○ 5단계: 해결책을 합의하고 역할 나누기

함께 찾은 해결책에 대해 명확히 합의하고, 이를 위해 각자 무엇을 할 것인지 구체적으로 정합니다. "그럼 나는 앞으로 이렇게 할게, 너는 저렇게 해 줄 수 있어?"라고 확인합니다. 그리고 이를 실제로 실천해 보고, 필요하면 다시 대화해서 조정합니다.

감정을 조절하며 이야기하는 법

갈등 상황에서는 화, 슬픔, 억울함, 실망감 등 강한 감정이 생길 수밖에 없습니다. 이런 감정에 완전히 휩쓸려서 이성을 잃게 되면 건설적인 대화는 불가능해집니다.

그렇다고 마냥 감정을 억누르는 것도 좋지 않습니다. 감정을 무시하고 이성적으로만 대화하려고 하면, 정작 문제는 해결되지 않고 감정만 계속 쌓이게 됩니다. 그러다 나중에 폭발해 더 큰 갈등 상황을 불러오기 십상이죠. 이런 상황에서 진정으로 필요한 것은 감정과 이성의 균형입니다. 자신의 감정을 인정하고 표현하되, 감정에 휩쓸려서 공격적으로 행동하지는 않는 것. "나는 지금 화가 나"라고 인정하면서도 화를 내는 대신 침착하게 왜 화가 났는지 설명할 수 있어야 합니다.

갈등 상황에서 가장 다루기 어려운 감정은 분노입니다. 화가 나면 심장이 빨리 뛰고 얼굴이 빨개지면서 몸이 긴장되고 머리가 돌아가지 않게 되죠. 이런 상태에서는 이성적인 판단이 어렵고, 후회할 말이나 행동을 하기 쉽습니다. 그럴 땐 다음의 방법을 통해 화를 진정시킬 수 있다고 아이에게 알려 주세요.

실전 예시

화난 마음을 다스리는 법

- 잠시 멈추기: 즉각 반응하지 말고 심호흡을 3~10회 정도 합니다. 깊게 숨을 들이마시고 천천히 내쉬는 것을 반복하면 신체의 긴장이 완화됩니다.

- 숫자 세기: 마음속으로 10까지, 화가 많이 난다면 20이나 30까지 천천히 세 봅니다. 그러다 보면, 감정의 첫 번째 파도가 지나가고 조금은 침착해진 자기 자신을 발견할 수 있습니다.

- 잠시 자리 떠나기: "지금은 내가 너무 화가 나서 제대로 이야기할 수 없을 것 같아. 잠깐 화장실 다녀올게" 또는 "조금 진정하고 다시 이야기하자"라고 말하고 잠시 자리를 피합니다. 이는 회피가 아닌, 더 나은 대화를 위한 현명한 전략입니다.

- 물 마시거나 세수하기: 물리적 활동은 감정을 진정시키는 데 도움이 됩니다. 밖에서 신선한 공기를 쐬는 것도 좋습니다.

감정을 조절한다는 것은 딱히 감정을 숨기는 일이 아닙니다. 외려 감정을 건강하게 표현한다는 감각과 맞닿아 있죠. 갈등을 해결하기 위해서는 바로 이 감각이 필요한 법입니다. 여기에 감정의 강도를 조금 더 정확히 표현하려는 노력이 추가되면 더할 나위 없겠죠. "조금 아쉬웠어" "많이 속상했어" "정말 화가 났어"처럼 감정 표현과 함께 감정의 정도를 나타내는 말을 사용하면, 상대방이 느끼는 문제가 얼마나 심각한지 파악할 수 있습니다. 또한 문제 상황을 앞두고 여러 가지 감정을 느끼고 있다면 그 역시 솔직하게 말하는 편이 좋습니다. "화도 나고 서운하기도 하고 동시에 슬프기도 해"처럼 복잡한 감정을 있는 그대로 표현하면, 상대방도 아이의 마음을 더 정확히 이해할 수 있게 됩니다.

갈등 상황에서는 부정적인 감정이 자연스럽게 생기는 법입니다. 하지만 여기에 사로잡히기만 해서는 아무것도 해결할 수 없습니다. 부정적인 감정을 인정하면서도, 이를 조금씩 긍정적인 방향으로 전환하려는 노력이 필요합니다. 이를테면 "너는 정말 나쁜 친구야" 대신 "우리 사이에 오해가 있었던 것 같아. 서로 좋게 풀어 보자" 식으로 생각을 바꿔 보는 거죠.

상대방의 의도를 긍정적으로 해석해 보려는 태도도 중요합니다. '일부러 나를 화나게 하려고 그랬을 거야'보다는 '실수였거나 다른 의도 때문이었을 수도 있어'라고 생각해 보는 거죠. 물론 실제로는 악의적인 의도가 있었을 수도 있지만, 우선은 긍정적 가능성을 열어 두고 대화를 시도한다는 자체만으로 충분합니다.

또한 아이로 하여금 이 상황에서 배울 수 있는 것이 무엇인지 생각해 보게 하세요. '이 갈등을 통해 내가 무엇을 배울 수 있을까?' '이 경험이 나를 어떻게 성장시킬 수 있을까?'라는 질문을 스스로에게 던져 보는 겁니다. 갈등을 단순히 불행한 사건이 아니라 성장의 기회로 본다면, 더 긍정적인 마음으로 대화에 임할 수 있습니다.

상대방의 입장을 이해하고 갈등을 해결하기

갈등의 대부분은 서로의 관점이 다르기 때문에 생깁니다. 같은 상황도 각자의 경험, 가치관, 감정에 따라 다르게 해석될 수밖에 없으니까요. 문제를 해결하려면 자기 관점에만 함몰되는 게 아닌, 상대방의 관점에서도 상황을 바라볼 수 있어야 합니다.

그러니 부디 아이가 '만약 내가 저 친구 입장이라면 어떤 기분일까?' '왜 저렇게 행동했을까?' '저 친구에게는 어떤 이유나 사정이 있을까?' 식으로 생각할 수 있도록 가르쳐 주세요. 이는 비단 상대방을 변호하거나 잘못을 묵인하기 위함이 아니라, 단지 더 넓은 시각으로 상황을 이해하기 위한 것입니다.

관점을 바꿔 보는 것만으로도 아이는 상대의 행동이 조금씩 이해되기 시작할 겁니다. 처음에는 '말도 안 돼'라고 생각했던 행동도 상대방의 입장에서 생각해 보면 '그럴 수도 있겠구나'라고 이해하게 됩니다. 이해한다고 해서 반드시 동의해야 하는 것은 아니지만, 이해(하려는 시도) 없이는 애초에 대화의 문을 열기가 어렵습니다.

다른 관점으로 상황을 바라보는 능력은 연습을 통해 향상될 수 있습니다. 평소 책을 읽거나 영화를 볼 때 다양한 인물의 입장에서 생각해 보는 연습을 하면 도움이 됩니다. "이 인물은 왜 이런 선택을 했을까?" "나라면 어땠을까?"라고 질문하며 다양한 관점을 간접적으로나마 경험해 보는 겁니다.

상대방의 입장을 진정으로 이해하려면 적극적으로 들어야 합니다. 단지 소리를 귀로 듣는 게 아니라 상대의 말에 온전히 집중해 그 말 뒤에 숨은 의미와 감정까지 파악할 수 있어야 해요. 이를 위해서 아이는 다음의 방법들을 시도해 볼 수 있습니다.

먼저 친구가 말할 때는 다른 생각을 다 내려놓고 친구의 이야기에 집중해야 합니다. '나는 다음에 뭐라고 말하지?' '어떻게 반박하지?'를 미리 생각하지 말고, 오직 친구의 이야기를 이해하는 데만 집중합니다. 이때 표정, 목소리 톤, 몸짓 같은 비언어적 신호에도 주의를 기울이는 편이 좋습니다. "괜찮아"라고 말하는데 표정이 어둡다면 사실은 괜찮지 않을 가능성이 큽니다.

중간중간 "그러니까 네 말은 이런 뜻이야?"라고 확인해 가며 듣는 것도 좋습니다. 아이도 자기가 제대로 이해했는지 확인할 수 있고, 친구도 자신의 말이 잘 전달되었다고 느낄 수 있으니까요. 단, 이는 말하는 도중 끼어들거나 반박하는 것과는 다릅니다. 그런 식의 물음은 친구의 이야기를 끝까지 다 들은 후에 해도 늦지 않습니다.

마음속으로만 이해하고 말로 표현하지 않으면 상대방은 자신이 이해받았는지 알 수 없습니다. "네 입장에서는 그럴 수 있겠구나" "그랬다면 정말 속상했을 것 같아" "네가 그렇게 생각한 이유를 알겠어"라고 공감을 말로 표현해 주세요. 물론 공감한다고 해서 반드시 동의한다는 뜻은 아닙니다. 얼마든지 "네 기분은 이해하지만, 나는 조금 다르게 생각해"라고 말할 수 있습니다. 상대방의 감정과 관점을 인정하면서도, 그것과는 다른 자신의 생각이나 감정을 표현하는 일을 주저해선 안 됩니다. 상대방을 배려한답시고 내 생각을 아예 말하지 않으면, 진정한 해결은 이루어질 수 없으니까요.

서로의 입장을 충분히 이해했다면, 이제 아이와 친구 양쪽이 모두 만족할 수 있는 해결책을 '함께' 찾아야 합니다. 좋은 해결책은 어느 한쪽의 일방적인 양보가 아니라, 둘 다 어느 정도 만족할 수 있는 것이어야 하니까요. "네가 이 부분을 양보해 주면, 나는 저 부분에서 양보할게" 같은 식으로 서로 주고받는 것입니다. 이때 A 아니면 B라는 이분법적 사고에서 벗어나, 제3의 방법을 함께 고민해 보는 태도가 중요합니다. "우리 둘 다 만족할 수 있는 다른 방법은 없을까?" 식으로 두 사람이 머리를 맞대고 창의성을 발휘한다면 생각지도 못한 새로운 해결책을 찾을 수도 있어요.

해결책을 실천하기로 합의했다면, "그럼 나는 앞으로 약속 시간을 잘 지킬게. 너는 만약 내가 늦으면 먼저 연락해 줄 수 있어?"처럼 구체적으로 누가 무엇을 할지 정합니다. 그러고는 일정 기간이 지난 후에 다시 확인해 보기로 약속합니다. "일주일 후, 한 달 후에도 이 방법이 잘 지켜지고 있는지 다시 이야기해 보자"라는 식으로 해결책을 점검하고 필요하면 수정하기도 합니다.

물론 위의 모든 방법을 동원해도 좀처럼 갈등 상황을 해결하기 어려운 경우가 있습니다. 특히 상대방이 대화를 거부하거나 폭력적이거나 악의적일 때는 전문가(선생님이나 상담사)의 도움을 받는 것이 좋습니다. 어른에게 도움을 요청하는 것은 약한 게 아니라 현명한 선택임을 아이에게 꼭 알려 주세요.

무엇보다 우리 어른이 그렇듯 아이 역시 모든 관계를 다 잘 지킬 필요는 없습니다. 대화로 해결하려고 여러 번 시도했는데도 아이를 존중해 주지 않고 상처만 주는 관계라면, 그 관계에서 벗어나는 것도 하나의 방법입니다. 관계를 건강하게 유지하는 것도 중요하지만, 그보다도 자신을 지키는 일이 우선임을 아이에게 반드시 가르쳐 주세요.

갈등 상황을 바람직하게 해결하기

○ 상황 1: 게임 규칙을 둘러싸고 의견이 다를 때

쉬는 시간에 친구들과 술래잡기를 하기로 했는데, 준수와 민지가 규칙에 대해 의견이 달라서 갈등이 생긴 상황입니다. 준수는 술래에게 잡힌 사람 역시 술래가 돼야 한다고 주장하고, 민지는 잡힌 사람은 그 자리에서 멈춰 있어야 한다고 주장합니다.

★ 잘못된 해결 방법

예상 가능한 최악의 상황은 서로 소리를 지르며 "내 말이 맞아!" "아니야, 원래 이렇게 하는 거야!"라고 싸우거나, 한쪽이 화가 나서 "그럼 난 안 할 거야!"라며 삐지는 것입니다.

★ 올바른 대화

준수: "민지야, 우리 싸우지 말고 이야기해 보자. 둘 다 재미있게 놀고 싶은 건 똑같잖아."

민지: "그래, 미안해. 내가 좀 흥분했어."

준수: "나는 술래가 된 사람이 계속 다른 사람을 잡아야 더 재미있을 것 같아. 그래야 계속 움직이면서 긴장감 있게 게임을 할 수 있잖아."

민지: "나는 잡힌 사람이 멈춰 있다가 다른 친구가 구해 주는 규칙이 더 재미있을 것 같아. 팀워크도 생기고 전략도 필요하거든."

준수: "아, 네 말도 일리가 있네. 친구들끼리 협력하는 재미가 있겠구나."

민지: "네 방법도 나름 재미있을 것 같아. 계속 술래가 추가되면 더 박진감 넘치겠다."

준수: "그럼 우리 이렇게 하면 어떨까? 오늘은 네 방법대로 해 보고, 내일은 내 방법대로 해 보자. 둘 다 해 보고 어떤 게 더 재미있는지 확인하는 거야."

민지: "좋아! 그리고 다른 친구들 의견도 한번 물어보자. 어떤 방법이 더 재밌는지."

준수: "그래, 좋은 생각이야. 우리가 싸우지 않고 대화로 해결해서 다행이다. 빨리 놀자!"

○ 상황 2: 비밀을 다른 사람에게 말했을 때

수진이가 비밀로 해 달라고 부탁한 고민을 지원이가 다른 친구들에게 말한 상황입니다. 수진이는 배신감을 느꼈지만, 지원이는 걱정되어서 조언을 구한 것이었습니다.

★ 잘못된 해결 방법

예상 가능한 최악의 상황은 수진이가 소리 지르며 "너 정말 최악이야! 어떻게 내 비밀을 다 말할 수가 있어? 이제 널 못 믿겠어!"라고 화를 내거나 아예 관계를 끊어 버리는 것입니다.

★ 올바른 대화

수진: (하루 정도 마음을 진정시킨 후) "지원아, 우리 이야기 좀 할 수 있을까? 조용한 곳에서 단둘이."

수진: "지원아, 내가 비밀로 해 달라고 부탁했던 이야기를 다른 친구들이 알고 있더라. 나는 정말 속상하고 배신감이 들었어. 너를 믿고 이야기했는데…"

지원: "수진아, 정말 미안해. 네가 그렇게 느낄 줄 미처 몰랐어. 내 딴엔 너무 걱정돼서… 다른 친구들한테 조언을 구한 거였어. 그치만 네 허락 없이 말한 건

내가 잘못한 게 맞아."

수진: "네가 날 걱정해서 그랬다는 건 이해해. 나를 도와주고 싶었던 거겠지. 하지만 나는 그 이야기가 퍼지는 게 정말 싫었어."

지원: "정말 미안해. 다시 생각해 보니 너한테 먼저 물어봤어야 했어. '다른 친구들한테 조언을 구해도 될까?'라고 말이야. 내가 생각이 짧았어."

수진: "앞으로는 내가 비밀로 해 달라고 하면 정말 아무한테도 말하지 말아 줘. 만약 걱정된다면 나한테 먼저 얘기해 주고. '이런저런 이유로 누구한테 조언을 구하고 싶은데 괜찮겠니?'라고."

지원: "그래, 앞으로는 꼭 그렇게 할게. 다시 한번 정말 미안해. 나 때문에 힘들었지?"

수진: "많이 속상했지만 네가 나를 걱정해서 그랬다는 걸 알았으니까… 다시 믿어 볼게. 하지만 진짜 이번이 마지막이야."

지원: "고마워, 수진아. 다시 기회를 줘서. 앞으로 더 조심할게. 너는 정말 소중한 친구야."

○ 상황 3: 그룹 과제에서 역할 분담이 불공평할 때

태민이는 네 명이 함께 하는 그룹 과제에서 혼자 너무 많은 일을 하고 있다고 느끼는 한편, 다른 친구들은 딱히 하는 게 없는 것 같아 불만이 쌓인 상황입니다. 하지만 다른 친구들은 자신들도 나름대로 해야 할 일을 하고 있다고 생각합니다.

★ 잘못된 해결 방법

예상 가능한 최악의 상황은 태민이가 속으로만 불만을 계속 쌓다가 어느 날 갑자기 폭발해서 "너희는 아무것도 안 하면서 나만 일하게 하네! 이제 나 혼자 할래!”라고 소리 지르거나, 아무 말 없이 자기 부분만 하고 나머지는 내버려 두는 것입니다.

★ 올바른 대화

태민: (감정이 격해지기 전에) “우리 과제 진행 상황 점검할 겸 잠깐 모여서 이야기할 수 있을까?”

태민: (모두 모였을 때) “나는 요즘 과제 때문에 조금 힘들어. 내가 맡은 부분이 생각보다 많은 것 같아서 부담이 돼.”

현우: “전혀 몰랐네. 나도 나름대로 자료조사하고 있었는데, 네가 그렇게 느꼈다니 마음이 안 좋다. 내가 뭘 더 해야 할지 잘 모르겠어.”

은지: “나도 내 부분은 하고 있다고 생각했는데… 전체적으로 보니까 역할 분담이 명확하지 않았던 것 같긴 해.”

태민: “아냐, 내가 명확하게 말하지 않았던 것도 있어. 혼자 끙끙 앓고 있기만 하고.”

수빈: “우리 지금이라도 정확하게 역할을 다시 나눠 볼까? 누가 무엇을 언제까지 할 것인지 명확하게 정하자.”

(모두가 동의하고 함께 역할을 재분배함)

태민: “각자 이번 주 금요일까지 자기 부분을 완성하고, 주말에 모여서 합치자. 그리고 고마워. 이렇게 이야기하니까 훨씬 나아진 것 같아. 진작 말할 걸 그랬네.”

현우: “앞으로 과제할 때는 중간에 한 번씩 점검 모임을 갖자. 그래야 이런 오해가 안 생길 것 같아.”

모두: “좋아! 다음 주 수요일에 중간 점검하자.”

네 번째 수업

우리 아이,
발표 잘하게 만드는 법

1

발표를
잘하는 비결

• • •

왜 우리 아이들은 발표를 힘들어할까?

"엄마, 나 내일 발표인데 배 아파." 금요일 저녁, 초등학교 4학년 태민이가 갑자기 배가 아프다고 합니다. 알고 보니 돌아오는 월요일 사회 시간에 발표가 있다는군요. 토요일부터 아이는 예민해질 대로 예민해지고, 일요일 저녁에는 "학교 가기 싫어"라는 말이 나오는 지경에까지 이르게 됩니다. 평소에는 활발하던 우리 아이, 어째서 발표만 앞두면 이렇게 긴장하고 예민해지는 걸까요?

요즘 아이들은 끊임없는 평가 속에서 자랍니다. 시험, 수행평가, 학원 레벨 테스트… 발표는 그중에서도 가장 직접적인 평가 상황입니다. 약 스무 명의 친구들과 선생님 앞에서 자기 능력이 그대로 드러나는 순간이니까요.

특히 완벽주의 성향이 있는 아이에게 발표는 더 큰 부담으로 다가옵니다. '막힘없이 물 흐르듯 해야 해' '친구들이 웃으면 어떡하지' '선생님이 실망하시면 어쩌지' 같은 생각들이 꼬리에 꼬리를 물고 이어집니다. 소셜미디어에 게시된 편집되고 완벽한 모습만 보아 온 세대라서, 편집이 불가능한 발표 상황이 더욱 두렵게 느껴지는 것이죠.

아이러니하게도 요즘 아이들은 개성을 중요하게 여기면서도 튀는 것을 두려워합니다. "제 딸은 평소 친구들이랑 있을 때는 말이 많은데, 막

상 발표하라고 하면 목소리가 모기만 해져요.” 사춘기로 접어들면서 자
의식이 커진 아이들은 자기 모습이 타인에게 어떻게 보일지 과도하게
신경 쓰곤 하죠. ‘내 목소리 이상하지 않나?’ ‘손 떠는 거 다 보이는 거
아냐?’ ‘말 더듬으면 창피할 것 같아’ 이런 걱정들이 발표를 더욱 어렵게
만듭니다. 게다가 또래들 사이에서는 지나치게 열심인 것도, 너무 못하
는 것도 놀림의 대상이 됩니다. 발표 잘하면 잘난 척한다고 할까 봐, 못
하면 바보 같다고 할까 봐 두려워하죠.

그런 한편 과거와 비교해 요즘 아이들은 절대적으로 ‘말하기 경험’이
부족합니다. 과거 대가족 시대에는 명절마다 친척 어른들 앞에서 인사
하고, 동네 어른들께 설명하고, 형제자매들과 토론하는 게 일상이었습
니다. 지금은 어떤가요? 핵가족에 외동이 많고, 친구들과도 SNS로 대화
하는 시대입니다. 사람을 마주 보고 길게 말하거나 체계적으로 설명할
기회가 거의 없죠. 학교에서도 대부분의 시간은 선생님의 수업을 그저
조용히 들을 뿐입니다. 가끔 발표를 하더라도 ‘발표 자체에 대한 체계적
인 교육’은 전무하다시피 합니다.

한 초등교사는 이렇게 말합니다. “20년 전 아이들과 지금 아이들의
가장 큰 차이는 말하기 경험의 양입니다. 예전에는 서툴지언정 일상 속
에서 ‘말하기 경험’을 쌓을 기회가 많았어요. 하지만 요즘 아이들은 경
험의 기회는 적은 반면, 처음부터 잘해야 한다고 생각하는 경우가 많
아요.”

긴장 증상에 대한 오해도 아이들이 발표를 꺼리게 만드는 원인 중 하

나입니다. 심장이 두근거리고, 손이 떨리고, 목소리가 떨리는 증상. 사실 이것들은 모두 긴장되는 상황을 앞두고 나올 수 있는 신체의 자연스러운 반응입니다. 중요한 순간에 우리 몸이 최상의 컨디션을 유지할 수 있도록 아드레날린을 분비하는 거죠. 그런데 많은 아이들이 이런 증상을 '발표를 못한다는 증거'로 받아들입니다. '다른 애들은 안 떨리나 봐. 나만 이렇게 떨린 거야?' 실은 발표를 잘하는 아이들도 속으로는 긴장합니다. 다만 그것을 관리하는 방법을 알 뿐이죠. 하지만 겉으로 보이는 모습만 보고 멋대로 비교한 나머지 아이들은 더 위축되고 맙니다.

한편 많은 아이들이 발표 준비를 '그저 '자료 모으기' 정도로만 생각합니다. 전날 밤에 급하게 자료를 검색해 내용을 슬라이드에 옮겨 적고, 한두 번 읽어 보는 정도로 충분히 준비했다고 생각하죠. 발표를 위해서는 조사한 내용을 자신의 언어로 소화하고, 구조를 짜고, 소리 내 읽으며 여러 번 연습해야 한다는 것을 모릅니다. 게다가 부모 역시 이를 어떻게 도와줘야 할지 알지 못하고요. 본인도 발표를 잘 못했던 기억이 있고, 괜히 도와줬다가 아이에게 스트레스만 줄까 봐 같이 전전긍긍하죠.

현실적인 롤 모델이 부족한 것도 문제입니다. 아이들이 보는 말하기 모델은 대부분 유튜버나 TV 프로그램 진행자입니다. 그런데 이들은 고도로 훈련된 데다가 최종 결과물은 편집까지 거친 모습이죠. 초보자가 따라 하기엔 너무 기준이 높습니다. '나도 저렇게 해야 하나?' 생각하면 오히려 부담만 커집니다. 반면 '나랑 비슷한 수준인 아이가 연습해서 이렇게 됐구나' 하는 현실적인 모델은 보기 어렵습니다. 어른들조차 발표를 어려워하는 모습을 보이면, 아이들은 '어른도 힘든데 내가 잘 못하는 건 당연하지'라고 생각하게 됩니다.

발표 준비, 이렇게 도와주세요

훌륭한 발표는 무대에서 갑자기 만들어지지 않습니다. 발표 전의 준비 과정은 발표 그 자체보다도 훨씬 더 중요합니다. 그러나 대체로 아이들은 발표 하루 전날 급하게 준비하거나, 무엇부터 시작해야 할지 몰라 막연하게 걱정만 하다가 제대로 된 준비 없이 발표 날을 맞이하게 되죠.

부모가 처음부터 끝까지 대신 준비해 줄 수도 없는 노릇입니다. 그렇게 하면 아이의 성장 기회를 빼앗는 격이 될 테니까요. 그저 체계적인 방법을 알려 주고, 옆에서 연습 상대가 되어 주고, 적절한 피드백을 주는 것만으로 충분합니다.

건물을 지을 때 기초부터 차근차근 쌓아 올리듯, 발표도 체계적인 단계를 밟아 가며 준비해야 합니다. 서두르지 말고 한 단계씩 착실하게 준비하면, 발표 당일에는 조금 긴장은 될지언정 큰 실수 없이 발표를 마무리할 수 있을 거예요. 그럼 지금부터 총 7단계로 구성된 발표 준비 과정을 함께 살펴보도록 할까요?

먼저 1단계, 주제를 이해하고 목표를 정합니다. "엄마, 나 환경보호에 대해 발표해야 돼" "그래? 환경보호 중에서도 구체적으로 뭐에 대해서 발표할 건데?” “음… 그냥 환경보호?” 이 대화에서 문제가 보이시나요?

주제가 너무 넓습니다. ‘환경보호’는 기후변화부터 멸종위기 동식물, 쓰레기 문제, 대기오염까지 수십 가지 내용을 포함할 수 있습니다. 이런 식으로 시작하면 아이는 어디서부터 손을 대야 할지 몰라 막막해집니다. 이때 부모가 도와줄 수 있는 부분은 주제를 구체화하는 것입니다. “환경보호 중에서 네가 가장 관심 있는 게 뭐야?” “음… 우리 학교에 쓰레기가 너무 많은 것 같아” “그럼 ‘우리 학교에서 실천할 수 있는 쓰레기 줄이기 방법’ 식으로 주제를 좁히면 어떨까?” 이렇게 하면 아이도 무엇을 준비해야 할지 명확하게 감을 잡을 수 있죠.

다음은 발표의 목표를 함께 정해야 합니다. “이 발표를 듣고 친구들이 무엇을 알게 되었으면 좋겠어?” “친구들이 쓰레기가 많은 게 왜 문제인지 알고, 쓰레기를 줄이기 위해 우리가 할 수 있는 일을 세 가지 정도 배웠으면 좋겠어요.” 완벽합니다. 이제 아이는 준비할 내용이 무엇인지, 어떤 식으로 방향을 잡고 발표를 준비하면 되는지 정확히 감을 잡았습니다.

청중에 대해서도 생각해 볼 수 있도록 도와주세요. “같은 반 친구들이니까 우리 학교 상황을 예로 들면 이해하기 쉽겠지?” 이런 식으로 준비 과정에서부터 청중을 고려하는 습관을 들이면 더욱더 효과적이고 임팩트 있는 발표를 할 수 있게 됩니다.

2단계에서는 정보를 수집하고 내용을 취사선택합니다. 요즘은 인터넷에 정보가 너무 넘쳐나서 문제죠. 아이들은 검색해서 나온 첫 번째 자료를 무비판적으로 받아들이거나 반대로 너무 많은 자료에 압도되어 어떤 것을 선택하고 신뢰해야 할지 혼란스러워합니다. 이때 부모가 도 와줄 수 있는 부분은 바로 이 '정보의 신뢰성'을 판단하는 기준을 알려 주는 것입니다. "이 정보는 누가 쓴 거야? 전문가가 쓴 거야, 아니면 누 구나 쓸 수 있는 블로그야?" "이 통계는 언제 나온 거지? 10년 전 자료 면 지금과 다를 수 있어" 식으로요. 아이가 플라스틱 오염에 관한 자료 를 찾았는데, 출처가 불분명한 블로그 글만 프린트해 왔다고 가정해 볼 까요? 그럴 경우 부모는 함께 환경부 웹사이트와 신문 기사를 찾아보며, 신뢰할 수 있는 출처가 무엇인지 알려 줄 수 있습니다.

이렇게 정보를 모았다면 이제 선택해야 합니다. "5분 발표인데 너 무 많은 내용을 넣을 수는 없겠지? 이 중 가장 중요한 세 가지만 골라 볼 까?" 아이들은 조사한 내용을 다 넣고 싶어 합니다. 열심히 찾았으니 아 깝기도 하고, 발표 내용은 많으면 많을수록 좋은 거라고 생각하기 때문 이죠. 하지만 청중의 기억력과 집중력에는 한계가 있습니다. 그런 까닭 으로 핵심만 골라내는 연습이 필요합니다.

그렇게 자료를 취사선택했다면 다음은 이를 자신의 언어로 표현할 줄 알아야 합니다. 책이나 인터넷의 문장을 그대로 외우는 게 아니라, 이 해한 내용을 자신의 언어로 다시 정리할 수 있어야 진정성 있는 발표를 가 가능해집니다.

3단계에서는 발표의 구조를 짭니다. 아이들은 생각나는 대로 말하는 경향이 있습니다. 하지만 구조와 순서가 정해져 있지 않으면 청중은 혼란스러울 뿐입니다. 이럴 땐 가장 기본적인 구조를 알려 주면 좋습니다. 앞에서도 여러 번 설명한 '서론-본론-결론'의 구조입니다.

"처음에는 친구들의 관심을 끌어야겠지? 어떻게 시작하면 좋을까?" 서론 부분은 재미있는 질문이나 놀라운 사실로 시작하면 효과적입니다. 초등학교 3학년 현우는 "여러분, 우리 반 쓰레기통에 오늘 하루 동안 플라스틱이 몇 개나 버려졌는지 아세요? 제가 세어 봤더니 127개였습니다!"로 시작했습니다. 친구들은 깜짝 놀라며 현우의 발표에 집중했죠.

본론은 논리적인 순서로 배열하는 편이 좋습니다. "먼저 문제가 뭔지 말하고, 그다음에 해결 방법을 제시하는 게 어떨까?" "첫 번째, 두 번째, 세 번째 이렇게 순서를 매기면 친구들이 따라오기 쉬워" 발표 사이사이 이런 표지판이 있으면 청중으로서도 내용을 따라가기 한결 수월해집니다.

결론에서는 핵심을 다시 한번 정리합니다. 가장 강조하고 싶은 부분을 따로 한 번 더 언급하는 것도 효과적입니다.

4단계에서는 준비한 자료들을 바탕으로 발표 시간을 계산해 봅니다. "엄마, 발표 준비 다 했어!" "그래? 한번 해 볼까? 시간 재 줄게" "…2분밖에 안 걸렸네?" 주어진 시간이 5분인데 2분짜리 발표를 준비하면 어떻게 될까요? 내용이 부족해 보이고, 나머지 시간이 어색하게 남습니다. 반대로 10분이 넘을 만큼 준비하면 시간에 쫓겨 빨리 말하게 되거나, 중간에 발표를 끊어야 하죠. 그래서 더더욱 발표를 앞두고 시간 감각을 익히는 연습이 필요한 겁니다.

일반적으로 A4 용지 한 장을 천천히 읽으면 2~3분 정도 걸립니다. 이를 기준으로 내용의 양을 조절하되, 실제 발표할 때는 설명을 더 붙이거나, 예시를 들거나, 슬라이드 영상을 보여 주느라 시간이 추가로 걸릴 수 있으니 이를 고려해 주세요. 특히 긴장하면 말이 빨라져서 시간이 짧게 나올 수 있으니, 이에 대비할 필요도 있겠죠.

5단계에서는 발표 원고를 준비합니다. 이때 원고를 다 써야 할지, 아니면 키워드만 적을지 많이들 물어보시는데요. 아이마다, 발표마다 다를 수 있습니다. 발표 경험이 적은 아이라면 처음부터 끝까지 다 써 보는 편이 안전합니다. 그렇다고 원고를 써 놓고 그대로 읽으면 발표가 딱딱해집니다. 원고는 발표 준비를 위한 도구일 뿐, 이를 기반으로 실제 발표에서는 아이가 자연스럽게 말할 수 있도록 연습시켜 주세요.

발표하는 데 어느 정도 익숙해졌다 싶으면 핵심 키워드만 적는 방식을 시도해 보세요. '쓰레기 문제 → 통계 → 우리 학교 예시' '해결 방법 3가지 → 텀블러, 장바구니, 재활용' 이런 식으로 흐름만 잡아 두면, 세부 표현은 그때그때 나오는 대로 자연스럽게 이어 가면 됩니다. 다만 완전히 외우는 방식은 양날의 검이므로 신중히 사용해야 합니다. 잘하면 가장 자연스럽지만, 중간에 까먹기라도 하면 당황한 나머지 아이의 머릿속은 하얀 백지장이 되고 맙니다. 게다가 완전 암기는 시간도 너무 많이 잡아먹고요. 차라리 처음에는 전체 원고를 써서 여러 번 읽어 보고, 그러다가 점점 키워드만 보고도 말할 수 있도록 연습시켜 보세요. 그러다 보면 실제 발표에서는 아이가 키워드 카드만 보고도 성공적으로 발표를 진행할 수 있게 될 거예요.

6단계에서는 반복해서 연습합니다. 아는 내용인데 연습까지 해야 할 필요가 있냐고요? 네, 꼭 해야 합니다. 머릿속으로 아는 것과 실제로 말하는 일은 완전히 다릅니다. 연습하지 않으면 실전에서 발음이 꼬이거나, 중요한 내용을 빠뜨리거나, 시간 조절에 실패할 수 있습니다.

처음에는 아이 혼자 조용한 방에서 소리 내어 연습하게 하세요. 머릿속으로만 생각하면 안 됩니다. 실제로 입으로 말해 봐야 어색한 부분, 발음하기 어려운 단어, 숨 쉬기 어려운 긴 문장을 발견할 수 있습니다. 이때 거울 앞에서 연습하거나 스마트폰으로 녹화해 보면 아이 스스로 자신의 표정과 몸짓을 확인할 수 있습니다. '내가 이렇게 보이는구나' 하고 객관적으로 볼 수 있어 개선점을 찾기 쉽습니다.

혼자 연습하는 데 익숙해졌다면 다음으로는 실제 청중이 있는 상황을 만들어 주세요. "자, 엄마 아빠가 친구들이라고 생각하고 발표해 볼까?" 아이의 발표 연습을 진지하게 들어주되, 중간에 끊지 마세요. 실수해도 계속하게 두세요. 실전에서도 실수할 수 있으므로 자기 나름대로 이에 대처하는 요령을 연습해 둘 필요가 있습니다.

연습이 끝나면 구체적인 피드백을 주세요. "목소리 크기는 딱 좋았어. 뒤에서도 잘 들렸을 것 같아" "예시 든 부분이 특히 이해하기 쉬웠어" "조금 빨리 말하는 것 같았어. 중요한 부분에서는 천천히 말하면 더 좋을 것 같아"처럼요. 비판이 아닌 개선 방향을 제시하는 피드백이 좋습니다.

아이는 이 모든 과정을 최소 3~5번은 반복해서 연습해야 합니다. 처음에는 아마 어색해하고 말도, 행동도 더듬거릴 겁니다. 두 번째는 조금 나아지겠죠. 세 번째쯤 되면 내용이 입에 붙기 시작합니다. 다섯 번쯤 연습하면 자신감이 생기고, 예상치 못한 상황에도 대처할 수 있게 됩니다.

드디어 마지막 7단계입니다. 발표 당일 최종 준비를 해야겠죠. 아이는 너무 긴장한 나머지 아무것도 못 먹겠다고 합니다. 하지만 배가 고프면 집중도 안 되고 더 긴장되는 법입니다. 간단하게라도 아침을 먹이고, 어젯밤 충분히 잤는지 확인하세요. 피곤하면 목소리도 떨리고 머리도 잘 안 돌아갑니다.

학교 가기 전 마지막으로 한 번 더 "잘할 거야. 엄마 아빠 앞에서 연습할 때 정말 잘했잖아. 그대로만 하면 돼"라고 격려해 주세요. '완벽하게 해야 한다'라는 압박보다 '네가 준비한 걸 보여 주면 된다'라는 편안한 메시지가 아이에게 큰 힘이 됩니다. 또 만약의 경우에 대비해 백업용 발표 자료를 USB나 이메일에 보내둘 것, 발표 직전 너무 긴장될 때는 심호흡을 하거나 자기암시를 하고 시작할 것 등을 알려 주세요.

발표 자료, 어떻게 만들어야 할까?

초등학교 4학년 준호가 만든 첫 번째 파워포인트를 보고 엄마는 당황했습니다. 한 슬라이드에 글자가 빼곡하게 들어차 있고, 배경은 형광

색인 데다가 매 슬라이드마다 화려한 애니메이션 효과가 적용되어 있었습니다. "선생님이 예쁘게 만들라고 하셨어요"라는 아이의 말에, 엄마는 어디서부터 어떻게 고쳐 줘야 할지 막막했습니다.

발표 자료는 발표를 돕는 도구입니다. 자료가 주인공이 되어선 안 된다는 의미죠. 한 슬라이드에는 하나의 메시지만 들어가면 충분합니다. 쓰레기 문제와 해결 방법을 한 슬라이드에 다 넣으면 너무 복잡해집니다. 쓰레기 문제와 이에 대한 해결 방법은 별개의 슬라이드로 나누어 정리하는 게 좋습니다.

교실 뒷자리에 앉은 친구도 볼 수 있도록 글자 크기는 최소 24포인트 이상으로 작성해야 합니다. 내용은 문장이 아닌 키워드만 적는 편이 좋고요. 슬라이드에 글이 많으면 청중은 발표자의 말을 듣지 않고 슬라이드를 읽게 됩니다. "플라스틱 문제" 이런 식으로 가장 중요한 키워드 한 개(최대 세 개) 정도만 남겨 두고 자세한 설명은 말로 하도록 아이를 준비시키세요. 처음에는 뭔가 허전한 느낌에 거부감이 들지 모르지만, 막상 연습하다 보면 훨씬 깔끔하고 보기 좋아졌다는 걸 실감하게 될 거예요.

색은 단순하게 통일하세요. 산만해 보이지 않으려면 두세 가지 정도로만 색을 사용하면 충분합니다. 배경색과 글자 색의 대비를 분명하게 해서 가독성을 높이세요. 흰 배경에 검은 글자, 또는 진한 파란 배경에 흰 글자가 눈에 가장 잘 들어옵니다. 이때 형광색이나 너무 밝은 색은 눈이 피로해지고 집중하기도 어려우므로 피하는 편이 좋습니다.

적절한 사진 한 장이 말로 길게 설명하는 것보다 효과적일 수 있습니다. 해양오염을 설명한다면, 플라스틱으로 가득 찬 바다 사진을 보여 주세요. 말로 아무리 설명해도 사진 한 장의 충격을 따라갈 수 없습니다. 이때 주의할 점이 있습니다. 아무리 좋아 보이는 사진이라도 인터넷에서 아무렇게나 다운받아서는 안 됩니다. 저작권 문제가 있을 수 있으니, 무료 이미지 사이트나 학교에서 허용하는 출처를 이용하도록 지도해 주세요. 그리고 출처를 작게라도 표시하는 습관을 가르치세요.

숫자를 보여 줄 때는 표나 그래프를 활용하는 편이 효과적입니다. "2020년 100톤, 2021년 150톤, 2022년 200톤"이라고 말하는 것보다 점점 올라가는 그래프를 보여 주는 편이 이해하기 쉽습니다. 물론 너무 복잡한 그래프는 되레 혼란스러울 수 있으니 초등학생 수준에서는 막대그래프나 간단한 원그래프의 수준을 넘지 않도록 해 주세요.

아이들은 애니메이션 효과를 좋아합니다. 글자가 날아오고, 빙글빙글 돌고, 터지는 효과들. 처음에는 재미있어 보이지만, 모든 슬라이드에 그런 식의 효과를 넣으면 오히려 산만하고 유치해 보입니다. 정말 필요할 때만 최소한으로 사용하는 편이 좋아요. 예를 들어 해결 방법 세 가지를 하나씩 순서대로 보여 주고 싶다면 간단한 나타내기 효과를 쓸 수 있습니다. 하지만 모든 글자마다 다른 효과를 주면 핵심이 흐려집니다.

발표 시 아이들이 가장 흔하게 저지르는 실수 중 하나가 바로 슬라이드에 있는 내용을 그대로 읽는 것입니다. 슬라이드에 "플라스틱은 분해되는 데 500년이 걸립니다"라고 써 있는 걸 아이가 그대로 읽는 식으로 말이죠. 이러면 발표자가 왜 필요할까요? 슬라이드만 보면 될 텐데요.

올바른 방법은 슬라이드에는 '키워드'만, 구체적인 설명과 관련 예시는 아이가 입으로 직접 설명하는 것입니다.

슬라이드를 가지고 실전처럼 연습하기

자료를 만들었다면 이제 슬라이드와 함께 연습해야 합니다. 먼저 내용을 완전히 숙지하도록 연습시키세요.

- 1단계: 슬라이드 없이도 무슨 내용인지, 순서가 어떻게 되는지 설명할 수 있도록 숙지하기.
- 2단계: 슬라이드를 띄워 놓고 연습하기. 언제 다음 슬라이드로 넘어갈지, 슬라이드를 가리키며 설명할 부분은 어디인지 익히기.
- 3단계: "이것이 첫 번째 문제였고요, (클릭) 이제 두 번째 문제를 살펴보겠습니다"처럼 슬라이드가 바뀔 때 자연스럽게 연결되도록 연습하기.
- 4단계: 처음부터 끝까지 중단 없이 해 보기. 마우스나 리모컨으로 직접 슬라이드를 넘기면서 연습하기.

실전처럼 발표할 때는 파워포인트의 '발표자 보기 모드'를 활용하면 좋습니다. 노트북에는 다음 슬라이드 미리보기와 메모가 보이지만, 청중이 보는 화면에는 슬라이드만 보이거든요.

슬라이드를 가지고 가족 앞에서 발표 연습을 할 때는 아이가 피드백을 구체적으로 물어볼 수 있도록 지도해 주세요. 단순히 "어땠어?"라고만 물으면 "좋았어(혹은 아쉬웠어)"라는 대답밖에 못 듣습니다. 대신 이렇게 질문하도록 알려 주세요. "어떤 슬라이드가 가장 이해하기 쉬웠어?" "어떤 부분에서 말이 너무 빨랐거나 느렸어?" "슬라이드와 말이 잘 맞았어?" "글자 크기는 잘 보였어?"처럼요. 또한 아이가 피드백을 들을 때는 방어적으로 반응하지 않도록 도와주세요. "이건 이래서 그런 거야…" 하며 변명하게 내버려 두지 말고, '피드백은 나를 돕는 거야. 고마운 일이야'라는 마음가짐을 가르쳐 주세요.

전달력을 높이는 목소리 사용법

내용을 완벽하게 준비했어도 고개를 숙이고 작은 목소리로 중얼거리면 아무도 들을 수 없습니다. 한 초등학교 교사는 이렇게 말합니다. "같은 내용이라도 어떻게 전달하느냐에 따라 완전히 다른 발표가 됩니다. 자신감 있는 목소리 하나면 발표의 80퍼센트는 성공한 거예요."

앞서 언급한 머레이비언의 법칙에 따르면 의사소통에서 말의 내용이 차지하는 바는 7퍼센트 정도고, 목소리 톤이 38퍼센트, 표정과 몸짓이 55퍼센트를 차지한다고 합니다. '무엇을 말하느냐'보다 '어떻게 말하느냐'가 더 중요할 수 있다는 뜻입니다.

그렇다면 목소리를 제대로 사용하려면 어떻게 해야 할까요? 무조건 크게 말한다고 해서 목소리를 잘 쓰는 게 아닙니다. 대신 "교실 맨 뒤에 앉은 친구에게 말한다고 생각해 봐. 그 친구가 들을 수 있을 만큼 크게 말하는 거야"라고 설명해 주세요. 소리를 지르라는 게 아닙니다. 목에 힘을 주면 오히려 목소리가 떨립니다. 배에서부터 소리를 낸다는 느낌으로 말해야 목소리가 안정적으로 나올 수 있어요.

어른도 긴장하면 말이 빨라집니다. "천천히 말해"라고만 하면 아이는 어느 정도가 적당한 건지 알 수 없습니다. 대신 이렇게 해 보세요. "한 문장 말하고 나서 마음속으로 '하나'라고 세고 다음 문장을 말해 봐." 중요한 내용을 말할 때는 특히나 더 천천히 말하라고 알려 주세요.

로봇처럼 단조롭게 말하면 청중은 지루해합니다. 가장 중요한 단어는 좀 더 크고 강하게 말하는 편이 좋습니다. "이것이 '가장 중요한' 포인트입니다." 여기서 '가장 중요한'을 강조하는 식으로 말이죠. 질문할 때는 목소리 끝을 올리고, 설명할 때는 자연스러운 억양으로 말하는 연습도 필요합니다. 특히 어려운 단어나 전문용어는 미리 여러 번 발음을 연습해야 합니다. 탄소중립, 생분해성 같은 단어를 발표 중에 더듬기라도 하게 되면 자신감이 떨어집니다.

청중과 눈을 맞추면서 발표하는 연습도 중요합니다. 물론 열심히 연습해도 막상 발표 때가 되면 원고만 보거나 천장만 쳐다보기도 하죠. 왜일까요? 부끄럽고, 불안하고, 원고를 보지 않으면 내용을 잊어버릴 것 같아서입니다. 그래도 연습만이 살길입니다. 가정에서부터 발표 전까지 단계적으로 반복해서 연습시켜 주세요.

- 1단계: 부모 중 한 명 앞에서 문장 하나를 말할 때마다 눈을 마주치는 연습을 하세요.
- 2단계: 가족 여러 명 앞에서 돌아가며 눈을 맞추며 문장을 읽게 하세요. 문장 하나 읽고 엄마 보고, 문장 하나 읽고 아빠를 보는 식으로요.
- 3단계: 원고를 보는 시간보다 청중을 보는 시간을 늘려 연습해 보세요.

초등학교 5학년 지우 엄마의 방법입니다. "가족이 거실 여기저기 흩어져 앉았어요. 왼쪽 앞, 정중앙, 오른쪽 앞 이렇게요. 아이한테 '모든 사람을 골고루 봐야 해' 하고 연습시켰더니, 학교에서도 자연스럽게 반 전체를 보면서 발표했대요." 이처럼 원고나 메모는 필요할 때 잠깐 보는 것이고, 대부분의 시간은 청중을 봐야 한다고 알려 주세요.

전달력을 높이는 몸짓 사용법

"웃으면서 발표해 봐." 긴장한 아이에게 억지로 웃으라고 하면 더 어색해집니다. 대신 발표 시작 전에 최근 있었던 일 중 좋았던 기억을 떠올리게 해 보세요. 지난주 놀이공원에 갔던 일, 친구랑 놀았던 일⋯ 그러면 자연스럽게 미소가 나옵니다. 그 상태로 "안녕하세요"를 말하게 합니다.

물론 발표 내내 미소를 짓고 있어야 하는 건 아닙니다. 발표 내용에 따라 표정이 바뀌어야 한다고 알려 주세요. 심각한 내용을 이야기할 때는 진지한 표정을, 긍정적인 해결책을 제시할 때는 밝고 희망찬 표정을, 놀라운 사실을 말할 때는 눈을 크게 뜨며 놀랍다는 표정을 지어야 발표에도 생기가 넘칩니다. 제일 좋지 않은 건 무표정입니다. 얼굴에 아무 표정도 드러나지 않는다면 청중으로서도 발표에 집중하기가 어려워집니다.

한편 발표 중 손을 어떻게 해야 할지 몰라서 주머니에 넣거나 등 뒤로 숨기는 아이들이 많습니다. 손은 자연스럽게 앞에 두고, 말하는 내용에 맞춰 움직이면 된다고 알려 주세요. 크기를 말할 때는 손으로 크기를 표현하고, 방향을 언급할 때는 손끝으로 가리키며, 가짓수를 말할 때는 그만큼 손가락을 펴서 보여 줍니다. 물론 모든 문장마다 손짓을 사용할 필요는 없습니다. 의미 있는 순간에만 사용하면 충분합니다.

바른 자세도 중요합니다. 한쪽 다리에만 체중을 싣고 서거나, 계속 흔들거리면 불안해 보입니다. 기본적으로 어깨를 똑바로 펴고 두 발을 어깨너비만큼 벌리고 서 있도록 지도해 주세요. 이때 거울을 보고 연습시키거나 동영상 녹화를 활용하는 것도 좋습니다. 아이와 함께 녹화된 영상을 보면서 "내가 이렇게 무표정이었어?" "손을 계속 비비고 있네" 식으로 스스로 개선할 부분들을 찾아 나가도록 도와주세요.

청중과의 상호작용도 중요합니다. 일방적으로 말하기만 하는 게 아니라 "여러분은 어떻게 생각하세요?" "이런 경험 있으신가요?" 식의 질문을 던지고 답을 들으면서 소통하면 발표에 생동감이 더해집니다. 실제로 답을 기대하는 게 아니어도 괜찮습니다. 청중이 생각하게 만드는 것만으로도 충분합니다. 더 간단하게는 손을 들어 보라고 하는 방법도 활용할 수 있습니다.

○ 사례 1: 독서 감상 발표(3분)

초등학교 3학년 유진이는 『마당을 나온 암탉』을 읽고 발표하게 되었습니다. 준비 과정에서 엄마는 책 전체를 다 설명하려던 아이를 진정시키고, 핵심 장면 하나에 집중하도록 도왔습니다.

시각 자료는 책 표지와 아이가 직접 그린 잎싹의 그림 두 장만 준비했습니다. 단순하지만 충분했습니다. 연습은 거실에서 총 세 번 했는데, 처음에는 발표문을 다 읽어도 2분이 안 되어서 감동받은 장면에 대해 조금 더 구체적으로 설명하도록 피드백을 주었습니다.

엄마: "유진아, 이 책에서 가장 기억에 남는 장면이 뭐야?"

유진: "잎싹이 처음으로 알을 품는 장면이요."

엄마: "좋아. 그 장면을 중심으로 발표를 준비하면 어떨까?"

★ 발표 구조

- 서론: 이 책을 선택한 이유(20초)

- 본론 1: 간단한 줄거리(1분)

- 본론 2: 가장 감동적이었던 장면(1분)

- 결론: 이 책이 내게 준 의미(40초)

★ 실전 발표

"(책을 보여 주며 시작) 저는 도서관에서 이 책을 봤을 때 표지에 그려진 닭이 뭔가 슬퍼 보여서 선택했어요. (간단히 줄거리를 소개한 후 가장 감동받은 장면을 설명할 때는 목소리에 감정을 실어서) 잎싹은 자기 알을 낳지 못했어요. 하지만 다른 알을 발견하고는… (잠시 쉼) 정말 소중하게 품었어요. 비록 자기 알은 아니지만, 사랑으로 품은 거예요. (마지막에 자신의 생각을 말할 때는 친구들을 바라보며) 저는 이 책을 읽고 진짜 엄마는 낳아 준 사람이 아니라 사랑으로 키워 주는 사람이라는 걸 알았어요."

○ 사례 2: 역사 인물 소개(5분)

초등학교 5학년 동현이는 세종대왕에 대해 발표하기로 했습니다. 아빠는 준비 과정에서 동현이가 주제를 구체화할 수 있도록 도와주었습니다. 아이가 발표를 위해 만든 슬라이드를 보고 너무 많은 텍스트를 넣었다며 '한글 창제 1443년' '백성을 위한 글자'처럼 핵심 키워드만 넣도록 조언했고, 아이가 발표 연습을 할 때 중간중간 질문을 던져 주었습니다.

아빠: "동현아, 세종대왕 하면 뭐가 떠올라?"

동현: "한글이요."

아빠: "맞아. 그럼 한글 창제에 집중해서 발표하면 어떨까? 세종대왕이 왜 한글을 만들었는지, 어떻게 만들었는지, 그게 왜 위대한 일인지 같은 내용을 준비하는 거야."

아빠: "이 슬라이드에 글자가 너무 많은 것 같아. 핵심 키워드만 남기고 나머지는 네가 말로 설명하는 게 어떨까?"

아빠: "한글이 나오기 전까지 당시 백성들이 무슨 글자를 썼을까?"

동현: "한자요."

아빠: "한자를 쓰면 뭐가 문제였을까?"

동현: "어려워서 배우기 힘들었어요."

아빠: "좋아, 그걸 발표에 넣으면 친구들이 더 잘 이해할 것 같아."

★ 발표 구조

- 서론: 세종대왕의 업적(한글 창제를 중심으로)

- 본론: 세종대왕이 한글을 창제한 이유

- 결론: 한글의 위대함과 세종대왕의 업적 강조

★ 실전 발표

"여러분, 만약 우리가 한글이 없고 한자만 써야 한다면 어떨까요? (잠시 쉬었다가 이어서) 정말 힘들겠죠? 당시 백성들은… (손가락으로 아래를 가리키며) 글을 배울 수 없었습니다. 그래서 세종대왕은… (가슴에 손을 얹으며) 백성들을 위한 쉬운 글자를 만들기로 결심했죠. (슬라이드에 훈민정음 서문을 띄워 놓고 직접 읽으며) 나라말이 중국과 달라 한자로는 서로 통하지 아니하므로… (친구들이 긴장을 풀 수 있도록 옛날

말씨로) 한글은 배우기 쉽고, 과학적이며, 세계에서 가장 우수한 문자로 인정받고 있습니다. 우리가 이렇게 쉽게 글을 읽고 쓸 수 있는 것은 모두 세종대왕 덕분입니다!"

○ 사례 3: 진로탐색 발표(4분)

초등학교 6학년 서하는 수의사가 되고 싶어 합니다. 딸의 장래 희망과 관련한 발표를 준비하는 과정에서 엄마는 서하에게 형식보다 진정성을 강조했습니다. 이를 위해 발표 내용에 개인적인 경험을 함께 녹여 내라고 조언했죠. 시각 자료에는 서하가 키우는 강아지 사진과 동물병원 체험 사진을 넣었습니다. 개인적인 사진이 발표에 진정성을 더했습니다. 또한 엄마는 아이가 발표 연습을 할 때 청중의 입장을 고려한 피드백을 해 주었습니다.

엄마: "서하야, 왜 수의사가 되고 싶어?"

서하: "동물들을 도와주고 싶어요."

엄마: "그 마음을 발표에 잘 담으면 좋겠다. 네 진심이 전달되는 게 제일 중요해."

엄마: "수의사가 하는 일을 설명할 때 너무 빨리 넘어간 느낌이야. 조금 더 자세히 설명하면 친구들이 이해하기 쉬울 것 같아."

★ 발표 구조

- 서론: 수의사를 꿈꾸게 된 계기

- 본론 1: 수의사가 하는 일

- 본론 2: 내가 하고 있는 준비

- 결론: 미래의 꿈

★ **실전 발표**

"(사진을 보여 주며 시작) 이 강아지는 제가 키우는 반려견 '초코'예요. 작년에 초코가 크게 아팠던 적이 있는데, 수의사 선생님께 치료를 받고 지금은 다 나았어요. 그때부터 저도 동물들을 돕는 수의사가 되고 싶다는 꿈을 갖게 되었죠. (구체적인 예시를 들며) 수의사는 아픈 동물을 치료하고, 예방접종을 해 주고, 건강검진도 합니다. 또 유기 동물 보호소에서 일하기도 하고, 동물원에서 야생동물을 돌보기도 합니다. (열정이 느껴지게끔 살짝 고조된 목소리 톤으로) 저는 지금 동물 관련 책을 많이 읽고 있어요. 또 주말마다 유기견 보호소에서 봉사활동을 하면서 동물들을 돌보는 경험을 쌓고 있습니다. (마지막은 눈을 빛내며) 나중에 제가 수의사가 되면 아픈 동물들을 치료해 주고, 유기 동물들에게도 무료로 진료해 주는 따뜻한 수의사가 되고 싶습니다!"

2

우리 아이,
면접에서 떨지 않게 하는 법

면접 종류별 대응 방법

"엄마, 다음 주에 학생회 면접이에요. 너무 떨려요." 초등학교 5학년 은수가 일주일 내내 긴장한 얼굴입니다. 밥도 제대로 못 먹고, 밤에 잠도 설칩니다. "뭘 말해야 할지 모르겠어요." "떨려서 말을 제대로 못 하면 어떡하죠?" 우리 아이들은 생각보다 많은 '면접' 상황을 마주하게 됩니다. 학생회 임원 선거 면담, 동아리 입부 면접, 영재교육원이나 특목고 입학 면접까지… 평소에는 말을 잘하는 아이도 면접만 되면 얼어붙습니다. 왜 그럴까요?

일상 대화와 면접은 완전히 다른 종류의 커뮤니케이션입니다. 면접에서는 정해진 시간 안에 자신의 강점을 효과적으로 보여 줘야 하고, 예상치 못한 질문에도 당황하지 않고 논리적으로 대응해야 합니다. 말의 내용뿐 아니라 목소리 톤, 자세, 표정, 눈 맞춤까지 모든 것이 평가 대상이죠. 다행히 이런 능력들은 훈련을 통해 충분히 향상시킬 수 있습니다. 이 장에서는 우리 아이들이 다양한 면접 상황에서 자신감 있게 자신을 표현할 수 있도록, 실전에서 바로 활용 가능한 전략들을 소개합니다.

아이들이 경험하게 될 면접에는 크게 세 가지 종류가 있습니다. 바로 개인 면접, 집단 면접, 토론 면접입니다. 면접의 종류에 따라 장단점과 대응법이 달라지니 잘 판단해 도와주세요.

먼저 면접의 가장 일반적인 형태인 개인 면접입니다. 면접관 1~3명 앞에서 아이 혼자 질문에 답하는 방식입니다. 학생회 선거 전 선생님과의 면담, 동아리 입부 면접, 영재교육원 면접 등이 이에 해당합니다. 개인 면접의 장점이자 단점은 면접관과 면접자 모두 한쪽의 이야기에 집중할 수 있다는 것입니다. 그런 만큼 모든 시선이 자신(면접자)에게 쏠려 긴장도가 높아질 수 있습니다.

여러 지원자가 함께 면접을 보는 집단 면접의 경우, 특목고나 자사고 입학전형에서 자주 활용됩니다. 다른 지원자들의 답변을 들으며 차례를 기다려야 하므로 조바심도 들고 비교 심리가 생기기 쉽습니다. '저 친구가 저렇게 답변을 잘해 버리면 나는…' 하고 위축될 수 있죠. 하지만 반대로 생각하면 다른 지원자의 답변에서 힌트를 얻을 수도 있고, 상대적으로 면접자 한 사람당 발언 시간이 짧아 부담이 덜하다는 장점도 있습니다.

토론 면접은 주어진 주제에 대해 여러 지원자가 토론하는 형식의 면접 방법입니다. 의사소통 능력과 협력 태도를 동시에 평가할 수 있죠. 자신의 의견을 논리적으로 주장하는 것도 중요하지만, 다른 사람의 의견을 경청하고 존중하는 태도도 그 못지않게 중요한 평가 요소입니다. 너무 공격적이지도, 그렇다고 너무 아무 말 없지도 않는 균형이 필요합니다.

부모와 함께하는 면접 사전 준비

그렇다면 면접을 앞둔 아이를 위해 부모가 도와줄 수 있는 것에는 무엇이 있을까요? 먼저 면접과 관련한 정보를 함께 조사해 볼 수 있겠죠. "엄마, 이 동아리가 뭐 하는 동아린지 잘 모르겠어요." 아이가 혼자 조사하기를 어려워한다면 부모가 함께 학교 홈페이지를 찾아보고, 선배들의 이야기를 들어 보세요. 동아리 면접이라면 어떤 활동을 하는지, 어떤 가치를 중시하는지 미리 알아보는 식으로 말이죠.

초등학교 6학년 현수 엄마는 이렇게 도와주었습니다. 아이가 과학 동아리에 지원하기로 했을 때, 함께 학교 홈페이지에 들어가 동아리 활동 사진을 찾아봤습니다. "작년에 과학 축제에서 이런 실험을 했구나. 네가 관심 있어 하는 화학 실험도 했네?" 구체적인 활동 내용을 보니 아이의 지원 동기도 명확해졌습니다.

가능하다면 아이 손을 잡고 면접 장소에 미리 한번 가 보세요. 낯선 환경에서는 긴장감이 높아질 수밖에 없습니다. '여기서 면접을 보는구나' 하고 미리 보고 오기만 해도 심리적 안정감을 얻을 수 있죠. 건물 입구가 어디인지, 화장실은 어디에 있는지, 대기실은 어떻게 생겼는지 확인하는 것만으로도 도움이 됩니다.

면접 당일 허둥대지 않도록 미리 체크리스트를 만들어 두세요. 입고 갈 옷(면접 전날 미리 준비), 가져갈 준비물(학생증, 필기구, 물 등), 도착 시간(30분 여유를 두고), 예상 질문을 적어 둔 메모 등을 늦어도 면접 전날 저녁까지는 준비해 두는 게 좋습니다.

중학교 1학년 수진이 아빠의 경험담입니다. "면접 전날 밤 체크리스트를 함께 확인했어요. '내일 아침 7시 기상, 교복 입기, 8시 출발, 8시 40분 도착 목표' 이렇게 시간표를 짜니까 아이가 덜 불안해하더라고요."

어떤 질문이 나올지 예상해 보고, 아이와 함께 답변 초안을 작성하는 것도 좋습니다. 이때 주의할 점이 있습니다. 아이에게 답변을 통째로 외우게 해서는 안 된다는 것입니다. 외운 답변은 마치 로봇이 말하는 것처럼 들리기 쉽고, 예상과 다른 질문이 나왔을 때 당황하게 됩니다. 대신 핵심 키워드 중심으로 정리할 수 있도록 도와주세요.

면접 당일, 이것만은 꼭!

자, 여기까지 왔다면 이제 면접 당일에 어떻게 움직이고 행동할지를 함께 살펴볼까요? 우선 면접장으로 출발하기 전, 아이에게 조금이라도 아침을 먹게 하세요. 배가 고프면 집중력이 떨어지고 더 긴장되는 법입니다. 너무 긴장해서 못 먹겠다고 하면 바나나 한 개나 초콜릿 우유라도 마시게 하세요. 그러고 나서 출발하기 전, 아이와 눈을 맞추고 이렇게 말해 주세요. "잘할 거야. 우리 지난주에 연습할 때 정말 잘했잖아. 그대로만 하면 돼. 긴장하는 건 당연한 거고, 선생님들도 다 이해하실 거야." 완벽하게 하라는 압박이 아니라 지금까지 준비한 것을 보여 주면 된다는 메시지를 아이에게 환기해 주세요.

면접장에는 시간적 여유를 두고 30분 정도 일찍 도착하는 게 좋습니다. 너무 일찍 도착하면 그만큼 긴장하는 시간이 늘어나고, 그렇다고 시간에 딱 맞춰 움직이려 하면 여유를 잃기 쉽습니다. 화장실에 들러 몸단장을 할 시간, 물을 한 모금 마실 시간, 마지막으로 예상 질문을 머릿속으로 한번 시뮬레이션해 본 후 심호흡을 할 시간을 확보한다는 느낌으로 움직여 주세요.

아이에게 대기실에 있는 다른 지원자와 스스로를 비교할 필요가 없다는 걸 알려 주세요. 면접장에서 아이는 '저 친구는 자신감 넘쳐 보이는데 나는…' 하고 위축되기 쉽습니다. 하지만 그 친구도 속으로는 떨고 있을 가능성이 큽니다.

면접이 시작되었다면 입장하는 그 순간부터 문을 닫고 나갈 때까지, 그 모든 순간과 행동이 평가의 대상이 된다는 걸 알아야 합니다. 차례가 되어 아이가 면접관이 있는 장소로 들어갈 땐 문을 똑똑 두드리고 허락을 받은 후 입장하도록 지도해 주세요. 들어가서는 밝은 표정으로 "안녕하세요"라고 인사하되 고개만 까딱이는 인사가 아닌, 허리를 15도 정도 숙이는 공손한 인사가 좋습니다. 자리에 앉을 때는 면접관의 지시를 따르고, 등받이에 기대지 말고 허리를 곧게 펴고 앉습니다. 손은 무릎 위에 가지런히 올려놓거나, 책상 위에 자연스럽게 두되 주먹을 꽉 쥐지 않도록 해 주세요.

초등학교 6학년 지훈이 엄마는 이렇게 연습시켰습니다. "집에서 식탁을 면접 테이블이라고 생각하고 입장부터 인사, 앉기, 퇴장까지 전체 과정을 리허설했어요. 처음에는 어색해하더니 세 번쯤 하니까 자연스러워지더라고요."

면접관이 질문을 할 때는 '잘 듣고 있음'의 표시로 그 사람의 눈을 바라보며 고개를 가볍게 끄덕입니다. 질문의 핵심을 놓쳤다면 "죄송하지만, 다시 한번 말씀해 주시겠어요?"라고 솔직하게 다시 물어보는 게 당황해서 엉뚱한 답변을 하는 것보다 훨씬 낫습니다. 그리고 질문에 답변할 때는 결론부터 말하도록 연습시켜 주세요.

- 질문: "우리 동아리에 지원한 이유가 무엇인가요?"
- 좋은 답변: "저는 환경보호에 관심이 많아서 환경 동아리에 지원했습니다.(결론) 작년에 플라스틱 줄이기 캠페인에 참여하면서…(이유와 근거)"

말의 속도는 평소보다 약간 느리게 하되 발음을 신경 써 주세요. 긴장하면 자연스럽게 말이 빨라지므로 의식적으로 속도를 조절하는 연습을 해야 합니다. 한 문장을 마친 후 1~2초 정도 멈췄다가 이어서 말해도 좋아요. 이 짧은 침묵은 듣는 사람에게 생각할 시간을 주고, 면접자 자신도 다음 말을 정리할 시간을 가질 수 있게 해 줍니다.

예상치 못한 질문을 받아도 너무 당황할 필요 없습니다. 3~5초 정도 생각할 시간을 가져도 됩니다. "잠깐 생각해 볼게요"라고 말한 뒤 답변을 이어 가면 오히려 면접관들에게 신중하다는 인상을 줄 수 있습니다.

그렇게 생각해 봐도 답을 모르겠는 질문에는 거짓말을 하기보다 솔직하게 "죄송하지만, 그 부분에 대해서는 아직 잘 모르겠습니다. 하지만 이번 기회를 통해 배우고 싶습니다"라고 대답하는 게 좋습니다.

갑자기 기침이 나오거나, 목소리가 떨리거나, 말을 더듬을 수 있습니다. 이 같은 돌발 상황에서 가장 중요한 부분은 당황한 표정을 보이지 않는 것입니다. 그럴 땐 아이에게 잠시 말을 멈추고 물을 한 모금 마시거나 심호흡을 한 후 답변을 이어 가도록 알려 주세요. 물론 이렇게 말하는 것도 좋습니다. "(미소를 지으며) 제가 너무 긴장했네요." 면접관들도 사람입니다. 긴장한 지원자를 보면 편안한 분위기를 만들어 주기 위해 알게 모르게 신경을 써 주는 법이죠. 호흡을 가다듬었다면 마지막으로 들은 질문의 키워드를 떠올리고 "제가 생각하기에는…"이라는 문장으로 답변을 시작하면서 자연스럽게 면접을 이어 갑니다.

중학교 2학년 민지 엄마의 경험담입니다. "모의 면접 연습할 때 일부러 당황스러운 상황을 만들어 봤어요. 제가 갑자기 '그건 아닌 것 같은데요?'라고 반박하거나, 아이가 예상치 못할 만한 질문을 던지면서요. 아이가 처음에는 좀 당황하더니 몇 번 연습하니까 '이런 상황에서는 이렇게 대응하면 되겠구나' 하고 배우더라고요."

퇴장도 면접의 일부입니다. 면접이 끝나면 자리에서 일어나 "감사합니다"라고 인사하고, 문을 나설 때도 한 번 더 가볍게 목례하도록 지도해 주세요. 면접장을 나온 후에도 면접관이나 관계자가 어디서 어떻게 지켜보고 있을지 모르니 복도나 건물 내에서는 조심스럽게 행동해야 합니다. 건물을 완전히 나올 때까지는 긴장을 풀지 마세요.

○ 사례 1: 학생회 선거 전 면담

초등학교 5학년 민수는 학생회 회장 선거에 출마했습니다. 선생님과의 면담 전날, 부모님과 함께 예상 질문("왜 회장 선거에 지원했는지?")과 핵심 키워드(반장 경험, 친구들 의견 듣기, 학교 전체로 확대)를 정리했습니다.

★ 실제 면담

민수: "(교무실 앞에서 심호흡을 세 번 한 뒤 문을 두드리고 들어가) 안녕하세요, 선생님. 2학년 3반 김민수입니다."

선생님: "회장 선거에 나오게 된 이유가 뭔가요?"

민수: "(미리 준비한 키워드를 떠올리며) 저는 작년에 반장을 하면서 친구들의 의견을 모아 선생님께 전달하는 일을 했습니다. 그때 우리 반만이 아니라 학교 전체 학생들의 목소리를 대변하고 싶다는 생각을 했습니다. 특히 급식 메뉴 건의나 동아리 활동 시간 확대 같은 문제들을 학생회에서 다루면 더 많은 친구들이 학교생활을 즐겁게 할 수 있을 것 같습니다."

선생님: "(고개를 끄덕이며 만족스러운 표정으로) 그래요, 그런 생각을 했군요."

○ 사례 2: 과학 동아리 집단 면접

중학교 1학년 지은이는 인기 많은 과학 동아리에 지원했습니다. 다섯 명의 지원자가 함께 보는 집단 면접이었죠. 다른 지원자들이 먼저 답변하는 동안, 지은이는 그들의 답변을 메모하면서도 자신만의 차별화된 답변("저는 과학이 좋아서 지원했습니다"보다 구체적인 지원 동기)을 준비했습니다. 다른 친구들과 자신을 비교하기보다 자신만의 경험을 진솔하게 이야기했고, 구체적인 예시 덕분에 면접관들에게도 강한 인상을 남길 수 있었습니다.

★ 실제 면접

동아리 회장: "우리 동아리에 지원한 이유가 뭔가요?"

지은: "(긴장했지만 미소를 지으며) 저는 집에서 키우는 강아지가 왜 더운 날 혀를 내밀고 헥헥거리는지 궁금해서 책을 찾아봤는데, 그게 강아지들만의 체온조절 방법이라는 걸 알게 됐어요. 이런 식으로 일상의 궁금증을 과학으로 풀어 가는 게 재미있어서 과학 동아리에서 더 많이 공부하고 배우고 싶습니다."

자기소개와 지원 동기, 이렇게 준비하세요

"자기소개를 해 주세요.""왜 여기에 지원했나요?" 거의 모든 면접에서 빠지지 않고 나오는 질문입니다. 그런데 많은 아이들이 이 질문을 가장 어려워합니다. 자기소개 자체가 너무 뻔하게 느껴지고, 지원 동기는 "그냥 좋아서"라는 막연한 대답 외에는 떠오르지 않기 때문입니다. 하지만 이 두 질문이야말로 자신을 가장 효과적으로 표현하고 어필할 수 있는 무기입니다. 그렇다면 강한 임팩트를 남기기 위해서는 어떤 식으로 자기소개를 하면 좋을까요?

"저는 ○○학교 ○학년 ○반 ○○○입니다." 달랑 한 문장 말하고 멈춰 버리는 아이들도 많지만, 진짜 자기소개는 여기서부터 시작입니다. 짜임새 있는 자기소개는 다음과 같은 구조를 갖습니다.

- 1단계: 기본 정보(이름, 학교, 학년) 소개하기.
- 2단계: 자신의 특징이나 강점 하나를 구체적으로 소개하기.
- 3단계: 2단계에서 언급한 특징이나 강점이 지원한 곳과 어떻게 연결되는지 설명하기(시간제한이 있다면 보통 30초에서 1분이 적당함).

자기소개를 할 때는 추상적인 것보다 구체적인 편이 좋습니다. "저는 리더십이 있습니다." 이 말은 사실 누구나 할 수 있죠. 하지만 "저는 팀 프로젝트를 할 때 친구들의 의견을 모아 정리하는 역할을 자주 맡습니다"라는 이야기는 경험이 묻어나 훨씬 더 설득력이 있습니다.

초등학교 6학년 수현이 엄마의 경험담입니다. "처음에 아이가 '저는 책임감이 강합니다'라고만 하길래 제가 '그럼 책임감을 보여 준 경험이 뭐가 있어?'라고 물었더니 '청소 당번을 맡으면 꼭 끝까지 해요. 친구들이 안 해도 제가 마무리해요'라고 대답하더라고요. '그럼 그 이야기를 하면 되지!'라고 했죠. 구체적인 경험 이야기가 훨씬 기억에 남는 법이니까요."

한편 아이에게 특별한 재능이 없어 어디서부터 어떻게 자기소개를 가르쳐야 할지 막막해하는 부모들도 있습니다. 걱정하지 마세요. 자기소개에서 중요한 것은 특별한 재능이 아니라, 자신이 어떤 사람인지 진솔하게 보여 주는 것입니다. "저는 호기심이 많아서 모르는 게 있으면 꼭 찾아보는 편입니다." "저는 친구들 이야기를 듣는 걸 좋아합니다." 이런 일상적인 모습도 충분히 훌륭한 자기소개가 될 수 있습니다.

자기소개를 마치면 다음은 지원 동기를 이야기할 차례겠지요. 단순히 "하고 싶어서요" "재미있을 것 같아서요"라고 답하면 면접관들은 '정말일까?' 하고 의심하게 됩니다. 면접관이 정말 알고 싶은 것은 '왜 하필 여기에, 왜 하필 지금' 지원했는지니까요. 그렇다면 설득력 있는 지원 동기는 어떻게 말할 수 있을까요?

- 자신의 관심사나 경험(배경)부터 소개: "저는 어릴 때부터 그림 그리기를 좋아했습니다."
- 지원하는 곳과의 연결고리 소개: "미술 동아리에서 다양한 기법을 배우고 싶습니다."
- 구체적인 (미래) 계획 소개: "특히 수채화 기법을 배워서 학교 벽화 그리기 프로젝트에 참여하고 싶습니다."

"친구가 하라고 해서요" "부모님이 권유하셔서요" "성적이 좋아지려고요" "스펙을 쌓으려고요"… 이런 수동적이거나 지나치게 실리적인 이유는 면접관들에게 좋은 인상을 주지 못합니다. 물론 실제로는 이런 이유 때문에 지원할 수 있겠죠. 하지만 면접에서는 자신의 진짜 관심사나 열정을 보여 주는 것이 더 중요합니다.

지원 동기를 더욱 사실적이고 실감 나게 소개하기 위해서는 사전조사에 더 공을 들여야 합니다. "저희 동아리가 어떤 활동을 하는지 알고 있나요?" 이 질문에 제대로 답하지 못하면 '아 얘는 사실 우리 활동에 관심이 없구나'라는 인상을 주게 됩니다. 지원 동기를 준비할 때는 동아리라면 어떤 활동을 하고 그간 어떤 결과물을 만들어 왔는지, 학교라면 교육 방침이나 특색 프로그램이 무엇인지 등 해당 조직에 대해 충분히 조사한 후 그중에서 자신이 특히 매력을 느낀 부분을 지원 동기와 연결하세요.

중학교 2학년 준호 아빠는 이렇게 도와주었습니다. "아이와 함께 학교 홈페이지를 찾아봤어요. 그 학교가 자기주도학습을 강조한다는 걸 알았죠. 아이한테 '네가 좋아하는 공부 방식이랑 맞네?'라고 하니까 '맞아요! 저는 혼자서 계획 세워서 공부하는 게 좋아요'라고 하더라고요. 그게 바로 지원 동기가 됐어요."

면접에서 자신의 경험을 이야기할 때 활용할 만한 유용한 기법이 있습니다. 바로 STAR 기법인데요, S Situation 는 상황, T Task 는 과제, A Action 는 행동, R Result 은 결과를 의미합니다. 이 순서대로 이야기를 구성하면 체계적이고 설득력 있는 답변을 만들 수 있어요. "팀워크 경험을 말해 보세요"라는 요청에 STAR 기법을 사용하면 다음과 같이 대답할 수 있습니다.

- 나쁜 답변: "저는 팀워크가 좋습니다. 친구들과 잘 지냅니다."

- 좋은 답변(STAR 기법 활용): "작년 과학 프로젝트 때 네 명이 한 팀이 되었는데Situation, 주제 선정부터 실험, 발표까지 모두 함께해야 했습니다Task. 저는 각자의 관심 분야를 조사해서 역할을 나누고, 매주 진행 상황을 확인하는 회의를 제안했습니다Action. 그 결과 저희 팀은 교내 대회에서 우수상을 받았습니다Result."

이 기법의 장점은 단순히 "저는 ○○합니다"라고 주장하는 것이 아니라, 실제로 어떤 상황에서 어떻게 행동했는지를 보여 준다는 점입니다. 이렇듯 구체적인 이야기는 면접관의 기억에 오래 남고 신뢰감을 줍니다.

실전 예시

자기소개와 지원 동기 소개

○ **사례 1: 영재교육원 면접에서의 자기소개**(설득력 있는 지원 동기)

초등학교 5학년 현우가 수학영재교육원 면접에서 자기소개를 요청받은 상황입니다.

"안녕하세요, ○○초등학교 5학년 박현우입니다. 저는 퍼즐 맞추기를 정말 좋아하는데, 특히 숫자 퍼즐이나 논리 퍼즐을 푸는 게 무척 즐겁습니다. 처음에는 쉬운 스도쿠부터 시작했는데, 이제는 켄켄 퍼즐이나 네모네모 로직 같은 복잡한 퍼즐에도 도전하고 있습니다(자신의 관심사나 경험부터 소개). 퍼즐을 풀 때 규칙을 찾고 논리적으로 생각하는 과정이 수학 문제를 푸는 것과 비슷하다고 느껐습니다. 더 깊이 있는 수학 사고력을 배우고 싶어서 영재교육원에도 지원하게 되었고요(지원하는 곳과의 연결고리 소개). 또한 기회가 된다면 수학 경시대회에도 나가고 싶습니다(구체적인 미래 계획 소개)."

○ 사례 2: 독서토론 동아리 지원 동기(STAR 기법)

중학교 1학년 소연이가 독서토론 동아리 면접에서 지원 동기를 질문받은 상황입니다.

Situation

"올해 초에 『아몬드』라는 책을 읽으면서 주인공이 감정을 잘 느끼지 못하는 모습을 보게 되었습니다."

Task

"이 책을 읽은 뒤, 같은 이야기를 다른 사람들은 어떻게 받아들였는지를 직접 확인해 보고, 사람마다 감정과 해석이 얼마나 다를 수 있는지 알아보는 것이 제 목표가 되었습니다."

Action

"그래서 제 생각만으로 판단하지 않기 위해, 다른 학생들이 쓴 독후감을 찾아 읽어 보았고, 도서관 선생님께도 이 책을 읽은 학생들이 어떤 장면에 공감했는지 여쭤보며 의견을 모았습니다."

Result

"그 결과, 같은 책을 읽어도 사람마다 전혀 다른 장면에 공감하고, 서로 다른 이유로 감동받는다는 것을 알게 되었고, 이런 차이를 직접 이야기로 나눌 때 책을 더 깊이 이해할 수 있다는 것을 느꼈습니다.
그래서 독서토론 동아리에서 친구들과 함께 책을 읽고 의견을 나누며, 제 생각도 더 넓히고 싶어 지원하게 되었습니다."

예상 질문, 이렇게 준비하세요

"머릿속으로는 알겠는데 막상 말하려고 하면 잘 안 돼요." 많은 아이들이 이렇게 말하곤 합니다. 아무리 좋은 내용을 준비해도 실제로 입 밖으로 꺼내 연습하지 않으면 긴장한 상태에서는 제대로 말하기 어렵습니다. 어떤 유형의 질문이 나올지 대비해 실전에서 말하는 것처럼 입으로 소리 내어 연습해 봐야 감을 잡을 수 있어요.

실전 예시

면접 질문의 다섯 가지 유형

- 자기소개형: "자신을 소개해 주세요" "본인의 장단점은 무엇인가요?" 등.
- 지원 동기형: "왜 우리 학교(동아리)에 지원했나요?" "앞으로 무엇을 하고 싶나요?" 등.
- 경험 및 역량형: "가장 기억에 남는 경험은 무엇인가요?" "어려움을 극복한 경험을 말해 보세요" "리더십을 발휘한 경험이 있나요?" 등.

- 가치관 및 태도형: "존경하는 인물은 누구인가요?" "친구와 의견이 다를 때 어떻게 하나요?" 등.
- 상황 대처형: "만약 ~한 상황이라면 어떻게 할 건가요?" 등.

답변 준비의 핵심은 키워드를 중심으로 정리하는 것입니다. 답을 다 외울 필요는 없어요. 외운 답변은 외려 부자연스럽게 들리고, 예상과 다른 질문이 나왔을 때 대응하기 어렵습니다. 이를테면 "본인의 장점은 무엇인가요?"라는 질문을 받았다고 가정해 봅시다. 이때 "제 장점은 '끈기'입니다. 저는 어려운 일이 있어도 절대 포기하지 않습니다. 특히 수학 문제를 풀 때 한 문제를 세 시간 동안 고민해서 끝내 푼 적이 있는데, 굉장히 뿌듯함을 느꼈습니다" 식으로 전체 문장을 외워 가서는 안 됩니다. "끈기, 포기 안 함, 수학 문제, 세 시간 고민, 뿌듯함" 정도의 키워드로 정리해 그때그때 키워드를 연결해 유연하게 대답할 줄 알아야 합니다.

마찬가지로 면접에서의 답변 역시 결론부터 말하는 편이 좋습니다. "제 장점은 끈기입니다." 이렇듯 먼저 결론을 말한 후, "예를 들어…"로 구체적인 사례를 이어 갑니다. 이렇게 하면 면접관으로서도 답변의 방향을 미리 파악할 수 있고, 혹시 시간이 부족해 말을 다 못 하더라도 핵심은 전달된 상태가 됩니다.

답변 길이는 1~2분 정도면 충분합니다. 이보다 너무 짧으면 성의 없어 보이고, 그렇다고 너무 길면 산만해집니다. 아이가 연습할 때 스마트폰의 타이머 기능으로 답변 시간을 체크할 수 있도록 지도해 주세요. 처음에는 생각보다 시간이 짧거나 길 수 있는데, 몇 번 연습하다 보면 적절한 분량을 감으로 익힐 수 있습니다.

예상 질문이 준비됐다면 이렇게 연습하세요

머릿속으로만 생각하면 안 됩니다. 아이가 반드시 소리를 내서 연습하게 하세요. 거울을 보면서 자신의 표정, 시선, 자세를 확인하거나 스마트폰으로 동영상을 찍어 보는 것도 좋습니다.

'내가 이렇게 생겼구나…' 처음에는 화면에 찍힌 자신의 모습이 어색하게 느껴질 수 있습니다. 하지만 녹화된 영상을 보는 과정에서 아이는 머리를 계속 만진다거나, 눈을 너무 깜빡인다거나, "음" "어" 같은 군말을 반복해서 사용하는 등 자신이 의식하지 못했던 버릇을 발견할 수 있습니다.

아이가 부모님이나 형제자매와 함께 모의 면접을 보며 감을 익히는 방법도 효과적입니다. 이때 면접관 역인 부모(혹은 형제자매)와 책상을 사이에 두고 앉거나, 실제 면접에 입고 갈 단정한 옷을 입은 채 연습을 한다든가 하는 식으로 최대한 실제 면접처럼 진행하는 게 중요합니다. 모의 면접 연습이 끝나면 면접관 역할을 한 사람에게 "목소리가 너무 작았어" "눈을 잘 안 봤어" "이 부분은 좀 더 구체적으로 말하면 좋겠어" 같은 피드백을 받습니다.

준비한 질문만 계속 연습하면 새로운 질문에 당황하기 쉽습니다. "만약 동아리 부원들이 네 의견에 반대하면?" "네가 가장 후회하는 일은 뭐야?" "10년 후에 네가 뭘 하고 있을 것 같아?" 등 아이가 처음 듣는 질문에도 즉석에서 답을 할 수 있도록 질문의 레퍼토리를 다양하게 만들고 수시로 물어보세요.

아무리 준비를 잘해도 면접을 앞두고 긴장하는 것은 자연스러운 반응입니다. 이런 아이에게 필요한 건 긴장을 없애는 방법이 아닌, 긴장을 관리하는 방법이죠. 기본은 충분한 수면을 취하는 것입니다. 밤늦게까지 벼락치기로 준비하면 정작 당일에 컨디션이 나빠져 실력 발휘를 제대로 하기 어렵습니다. 면접 전날 저녁에는 가볍게 답변 키워드만 훑어보고 일찍 잠자리에 들도록 지도해 주세요.

면접 당일 아침에는 '파워 포즈'를 활용해 봅니다. 미소 짓기, 양손을 하늘로 번쩍 든 만세 자세 하기, 거울 앞에서 어깨 펴고 가슴 내밀기 등 자기만의 자신감 있는 자세를 2분간 유지하면 실제로 자신감이 높아진다고 합니다. 아이에게 너무 긴장될 땐 화장실이나 계단 등 조용한 곳에서 이 같은 자세를 시도해 보라고 알려 주세요. 조금 우스워 보여도 효과가 있습니다.

아이에게 긍정적인 자기 대화 연습법을 알려 주세요. "나는 할 수 있어" "충분히 준비했어" "내 이야기를 들려줄 기회야" … 속으로 이렇게 되뇌면 실제로 긴장이 완화됩니다. 그럼에도 부정적인 생각이 들 때는 의식적으로 바꿔 말해야 합니다. '떨어지면 어떡하지'는 '최선을 다하면 돼'로, '실수하면 창피당할 거야'는 '실수해도 괜찮아, 경험이야' 식으로 마인드컨트롤을 할 수 있도록 도와주세요.

면접 직전엔 손을 꽉 쥐었다 펴는 동작을 반복하거나, 어깨를 으쓱으쓱 올렸다 내리는 동작으로 근육의 긴장을 풀어 주는 것도 좋습니다. 복식호흡을 3~5회 반복하는 것도 긴장을 완화하는 데 도움이 됩니다.

많은 아이들이 면접을 '시험'이라고 생각합니다. 하지만 사실 면접은 '대화'에 가깝습니다. 면접관들은 완벽한 답변을 기대하는 것이 아닙니다. 지원자가 어떤 사람인지, 진심으로 자기들에게 관심이 있는지, 함께 하고 싶은 사람인지를 알고 싶어 합니다.

아이들도 면접관들의 태도와 질문을 보고 들으면서, 진짜 함께해도 좋은 곳인지 얼마든지 판단해도 괜찮습니다. 이렇게 생각하면 주눅 들지 않고 외려 당당하게 면접에 임할 수 있습니다. 그러니 부디 준비는 철저히 하되, 면접장에서는 아이가 자연스러운 대화를 나눈다는 마음으로 임하게 도와주세요. 완벽하지 않아도 괜찮습니다. 최선을 다한 우리 아이를, 어떤 결과가 나오든 따뜻하게 안아 주세요. 그것이 다음 기회를 위한 가장 큰 힘이 됩니다.

3

모둠활동에서 우리 아이 협력의 달인으로 만들기

• • •

모둠활동은 사회생활의 축소판

"엄마, 모둠활동 진짜 싫어요." 초등학교 4학년 현수가 투덜거립니다. 이유를 물어보니 "나 혼자 하는 게 훨씬 빠른데, 친구들이랑 하면 의견이 안 맞아서 싸우기만 해요"라고 합니다.

학교에서는 거의 모든 과목에서 모둠활동을 합니다. 과학 실험, 프로젝트 발표, 체육 경기, 미술작품 제작… 그런데도 아이들은 "모둠활동이 제일 싫다"라고 말합니다. 친구들과 의견이 맞지 않아 다투기도 하고, 일을 나눠야 하는데 누군가는 열심히 안 해서 불공평하다고 느끼기도 합니다.

하지만 모둠활동은 단순히 학교 과제를 완성하기 위한 것이 아닙니다. 이것은 사회생활의 축소판입니다. 앞으로 우리 아이들이 살아갈 세상에서는 혼자 해결할 수 있는 일이 점점 줄어들 겁니다. 복잡한 문제일수록 다양한 관점과 재능을 가진 사람들이 협력해야 해결할 수 있습니다.

실제로 기업이나 연구소에서도 '팀워크'와 '협업 능력'을 가장 중요한 역량으로 꼽습니다. 아무리 개인 능력이 뛰어나도 다른 사람들과 협력하지 못하면 성공하기 어렵습니다. 모둠활동에서 리더십을 발휘한다고 해서 반드시 '모둠장'이 되는 것을 의미하지 않습니다. 진짜 리더십이란 자신의 역할을 책임감 있게 수행하면서 동시에 다른 사람들이 자기 능력을 발휘할 수 있도록 돕는 것입니다. 적극적으로 의견을 제시하되 다른 사람의 의견을 존중할 줄 알고, 갈등이 생겼을 때 현명하게 조율하며, 목표를 향해 함께 나아갈 수 있도록 분위기를 만드는 모든 것이 바로 리더십입니다.

이 장에서는 어떻게 하면 모둠활동에서 자주 발생하는 어려움을 극복할 수 있는지, 또 팀으로서 시너지를 만들어 내는 구체적인 방법은 무엇이 있는지 살펴보겠습니다.

팀 토론, 우리 아이 목소리 찾아 주기

"선생님, 저희 애가 모둠활동할 때 말을 잘 못 해요. 그냥 조용히 있기만 한대요." 반대로 이렇게 이야기하는 경우도 있습니다. "우리 애는 너무 자기주장만 해서 친구들이 싫어하는 것 같아요."

모둠활동은 대부분 토론으로 시작됩니다. 주제를 정하고, 역할을 나누고, 방향을 결정하는 모든 과정에서 구성원들의 의견을 모아야 합니다. 그런데 모두가 (비슷한 정도로) 토론에 참여하는 것이 생각보다 쉽지 않습니다. 어떤 아이는 너무 소극적이어서 자기 의견을 거의 말하지 못하고, 어떤 아이는 자기 생각만 주장하다가 다른 친구들로부터 반감을 삽니다. 어떻게 하면 이 둘 사이의 균형을 찾을 수 있을까요?

이를 위해서는 아이에게 우선 '듣기'부터 가르쳐야 합니다. '토론은 말을 잘하는 게 중요한 거 아닌가?'라고 생각할 수 있지만, 사실 토론에서 가장 중요한 것은 듣기입니다. 많은 아이들이 토론 참여를 '말하기 활동'으로만 생각합니다. 하지만 다른 사람의 의견을 제대로 듣지 않은 채 자기 의견만 말하게 되면 맥락에 맞지 않는 말을 하거나 이미 나온 이야기를 반복할 뿐입니다.

이 같은 듣기는 가정에서의 저녁 식사 시간을 활용해 연습해 볼 수 있습니다. 오늘 있었던 일을 가족들이 돌아가며 이야기할 때, 아이에게 이렇게 물어보세요. "아빠가 방금 뭐라고 했지?" "동생이 어떤 이야기를 했어?" 앞에서 배운 '경청'을 연습하는 겁니다. 눈을 보고 듣기, 고개 끄덕이기, "아, 그렇구나" "그런 일이 있었어?"처럼 다른 사람이 말할 때 보이면 좋을 반응들을 알려 주세요.

초등학교 5학년 서준이 엄마의 경험담입니다. "저희 애가 자기 말은 잘하는데 남의 말은 안 듣는 버릇이 있었어요. 그래서 저녁마다 가족회의를 열어서 한 사람이 말할 때 다른 사람들은 끝까지 듣고, 그 내용 중 한 가지를 꼭 언급하며 자기 의견을 말하는 규칙을 만들었죠. '아빠가 말한 ○○ 부분에 대해서는 나도 동감인데…' 이런 식으로요. 몇 달 하니까 학교에서도 친구들 말을 잘 듣게 되더라고요."

친구가 말하는 이야기의 핵심이 무엇인지 찾아내는 연습도 중요합니다. 예를 들어 친구가 "나는 과학 프로젝트로 화산 폭발 실험을 하면 좋겠어. 언젠가 TV에서 봤는데 되게 멋있었거든. 재료도 베이킹소다랑 식

초만 있으면 되고…"라고 길게 말한다면, 핵심은 '화산 폭발 실험 제안'
인 겁니다.

아이에게 제대로 질문하는 법을 가르쳐 주세요. 친구의 의견이 이해
가 안 되거나 더 자세히 알고 싶을 때 다짜고짜 "그게 무슨 뜻이야?"라
고 물으면 상대방이 기분 나빠할 수 있습니다. 그 대신 "네가 말한 그 부
분을 좀 더 자세히 설명해 줄 수 있어?"처럼 더 구체적인 질문을 하게 되
면 친구도 기분 상하지 않고 토론의 깊이도 더 깊어질 수 있어요.

"우리 애는 할 말이 있어도 언제 말해야 할지 몰라서 그냥 넘어간대
요." 자기 의견을 말하는 것 자체도 중요하지만, '언제' 그리고 '어떻게'
말하느냐가 더 중요합니다. 같은 내용이라도 타이밍과 표현 방식에 따
라 사람들에게 기분 좋게 받아들여지기도, 거부당하기도 하니까요.

자기 의견을 표현하기 가장 좋은 타이밍은 다른 사람의 말(의견)이 끝
난 직후입니다. 다른 사람이 말하는 중간에 끼어들면 무례하게 여겨지
기 십상이고, 너무 오래 침묵하면 기회를 놓칩니다. "민수 의견에 덧붙
이자면…" "지금까지 나온 의견들을 들어 보니…" 이런 식으로 자연스
럽게 앞 사람의 의견과 연결해서 말할 수 있도록 지도해 주세요. 또한
자기 의견을 말할 때 이유를 함께 설명하면 설득력이 높아집니다.

중학교 1학년 지원이 아빠는 이렇게 도와주었습니다. "아이가 뭔가
의견을 말할 때마다 '왜 그렇게 생각해?'라고 물었어요. 처음에는 '그냥
요'라고만 하더니, 나중에는 자동으로 이유를 함께 말하게 되더라고요.
학교에서도 친구들이 '지원이는 항상 이유를 같이 말해 줘서 설득이 된

다'라고 했대요."

아이에게 제안하는 말투를 연습시키세요. "우리는 이렇게 해야 해"처럼 단정적인 말투는 상대방에게 강요하는 느낌을 줍니다. 대신 "이렇게 해 보는 건 어떨까?"처럼 부드럽게 제안하는 느낌으로 말할 수 있게끔 지도해 주세요.

반대 의견에는 감정적으로 대응하지 말고 우선 받아 주라고 가르치세요. 토론에서 가장 어려운 순간은 누군가 자기 의견에 반대할 때입니다. 많은 아이들이 이때 기분이 상해서 말을 멈추거나 감정적으로 반박하곤 하죠. 하지만 반대 의견은 토론을 풍성하게 만드는 자연스러운 현상입니다. 그러니 "아, 그렇게 생각할 수도 있겠네" 하고 먼저 인정할 수 있어야 합니다. 그런 다음 아이 역시 자기 의견을 근거를 들어 차분하게 설명하면 됩니다. 이 역시 가정에서 충분히 연습할 수 있습니다.

아이: "나 주말에 놀이공원 가고 싶어."
부모: "그것도 좋겠다. 그런데 엄마는 영화관이 더 좋을 것 같은데?"
부모: "(아이의 반응을 보면서) 반대하는 게 너를 싫어해서가 아니야. 다른 생각이 있을 뿐이야. 그럴 때는 '엄마는 그렇게 생각하는구나. 그런데 내가 놀이공원을 가고 싶은 이유는…' 이렇게 말하면 돼."

또한 아이에게 반대는 어디까지나 의견이나 아이디어에 대한 것이지 사람 그 자체에 대해 하는 게 아님을 알려 주세요. 반대만 하지 말고 대안을 함께 제시하는 것도 잊지 않도록 해야 합니다.

한편 모둠활동을 하다 보면 말을 거의 하지 않는 친구가 한둘쯤 있기 마련입니다. 성격이 내성적이거나, 자신감이 없거나, 다른 친구들의 의견에 압도당한 경우입니다. 이런 친구들도 분명 좋은 생각을 가지고 있지만, 그냥 두면 끝까지 말을 하지 않을 가능성이 큽니다. 이런 경우 아이로 하여금 그 조용한 친구에게 아주 쉬운 질문부터 해 보라고 지도해 주세요. 조용한 친구가 수줍게나마 의견을 냈을 때 "오, 그 아이디어 좋은데?" "나도 그렇게 생각했어!"처럼 긍정적으로 반응해 준다면, 그 친구 역시 앞으로는 더 적극적으로 토론에 참여하게 될 겁니다.

갈등은 자연스러운 것

"엄마, 우리 모둠은 의견이 안 맞아서 계속 싸워요. 어떡해요?" 모둠활동에서 가장 힘든 순간은 의견이 갈릴 때입니다. "나는 이게 좋아" "나는 저게 좋아"라고 각자 자기주장만 하다가 시간만 흐르고 결론이 안 나는 경우도 많죠. 심지어 감정이 상해서 팀 분위기가 나빠지기도 합니다.

하지만 의견 차이는 기본적으로 나쁜 것이 아닙니다. 다양한 관점이 모이면 더 창의적이고 완성도 높은 결과를 만들 수 있으니까요. 문제는 이 다양한 의견들을 어떻게 하나로 모으느냐입니다.

아이들끼리 의견이 다른 상황을 자세히 살펴보면, 대부분 '방법'이 다른 것이지 '목표'가 다른 게 아닙니다. 이를테면 미술 팀 프로젝트에서 한 친구가 수채화로 그리기를 원하고, 다른 친구는 색연필로 그리기를 원할 때 이 둘은 방법이 다른 것일 뿐 '멋진 그림을 완성하자'라는 공통의 목표를 가지고 있죠. 그렇다면 반대 의견이 나올 때 아이가 가장 먼저 확인해야 할 사항은 바로 이 부분(목표)을 다른 아이들과의 소통을 거쳐 확인하는 것입니다. 그리고 나서 왜 그런 의견을 냈는지 이유를 함께 말하도록 알려 주세요.

의견을 조율하고 합의 도출하기

모둠활동에서 결정을 내리는 방법은 여러 가지가 있습니다. 상황에 따라 적절한 방법을 선택하면 더 효율적으로 합의에 이를 수 있어요. 먼저 가장 간단한 투표 방식이 있습니다. 여러 의견 중에서 다수가 지지하는 것을 선택하는 방식이죠. 빠르게 결정할 수 있다는 장점이 있지만, 소수의 의견이 무시될 수 있고, 투표에서 진 쪽은 아무래도 불만을 가질 수밖에 없습니다.

양쪽 의견의 장점을 섞는 절충안 찾기 방법도 있습니다. "A의 좋은 점과 B의 좋은 점을 합쳐서 C를 만들면 어떨까?" 같은 느낌으로, 시간이 걸리지만 모두가 만족할 가능성이 가장 높은 방식입니다.

조건을 붙여서 동의를 할 수도 있어요. "네 의견대로 하되, 만약 이게 안 되면 내 방법으로도 해 보자"처럼 플랜 B를 마련하는 겁니다. 또 이와 비슷한 느낌으로 "이번엔 네 방법으로 하고, 다음엔 내 방법으로 하는 거 어때?"처럼 양보를 전제로 순서를 정해 의사를 결정할 수도 있습니다. 여러모로 가장 공평하다고 느껴지는 방법이랄까요.

이 같은 결정 방법 역시 가정에서 충분히 연습시킬 수 있습니다. 가족의 저녁 메뉴를 정할 때, 형제자매와 의견이 다를 때, 주말 계획을 세울 때… 이런 일상적인 상황에서 다양한 의사결정 방법을 경험하게 해 주세요.

중학교 2학년 유진이네 가족은 이렇게 합니다. "매주 가족회의를 해요. 한 달에 한 번은 투표로 정하고, 한 번은 절충안으로 정하고, 한 번은 돌아가며 결정권을 주는 식으로요. 그러다 보니 아이가 자연스럽게 여러 의사결정 방법을 익히더라고요."

합의란 모두가 100퍼센트 만족한 상태를 의미하지 않습니다. 단지 모두가 '받아들일 수 있는' 수준의 결론을 내리는 것이죠. '완벽하진 않지만, 이 정도면 괜찮아'라고 생각할 수 있는 지점을 찾는 겁니다.

이를 위해서는 아이에게 '정리자 역할'을 가르치면 좋습니다. 정리자는 여러 의견이 나온 후 다음과 같은 느낌으로 모두의 의견을 정리합니다. 일종의 교통정리 같은 느낌이랄까요. "그럼 지금까지 나온 의견을 정리해 볼게. 민지는 A를 했으면 좋겠고, 지훈이는 B가 좋다고 했어. 공통점을 보니 둘 다 빨리 끝낼 수 있는 방법을 원하는 것 같네. 그럼 A와

B 중에서 시간이 덜 걸리는 쪽으로 하는 게 어때?" 이렇게 하면 구성원들 각자가 자신의 의견이 반영되었다고 느끼면서도 합리적인 결론에 도달할 수 있습니다. 마지막으로 "모두 동의해?"라고 확인하는 과정까지 잊지 않도록 주의합니다. 좀처럼 합의가 안 될 때는 선생님이나 다른 어른에게 조언을 구하라고 알려 주세요. 이는 포기가 아니라 현명한 선택입니다.

아이에게 반드시 소수 의견도 존중하는 태도를 가르쳐 주세요. 자신의 의견이 채택되지 않아 속상해하고 있을 친구의 감정을 인정해 주고 다른 부분에서 그 친구의 의견을 적극적으로 반영한다면 구성원들 모두가 공평하다고 느낄 수 있습니다.

결정 과정이 공정했는지도 중요합니다. 누군가의 목소리가 너무 크거나, 특정 친구들끼리만 정했다는 느낌이 들면 불만이 생깁니다. 구성원들 모두에게 공평하게 말할 기회를 주고 결정의 이유 또한 합리적이라면, 자기 의견이 받아들여지지 않은 아이도 결과에 납득할 수 있을 거예요.

실전 예시

모둠활동에서 의견을 조율하고 합의 도출하기

○ **사례: 체육대회 응원 구호 정하기**

초등학교 4학년 민호네 모둠(4명)이 체육대회 응원 구호를 정해야 하는 상황입니다. 각자 아이디어를 냈는데, 의견이 세 가지로 나뉘었습니다.

혜진: "우리가 최고!"

태양: "승리는 우리의 것!"

지수: "함께라면 할 수 있어!"

민호(정리자): "자, 세 가지 구호가 나왔는데, 공통점은 다 우리 팀의 승리나 단합을 강조한다는 거야. 그럼 이렇게 하자. 각 구호의 좋은 점을 말해 볼까?"

혜진: "내 건 짧고 외치기 쉬워."

태양: "내 건 그냥 자신감이 넘쳐."

지수: "내 건 따뜻하고 협력적인 느낌이 나."

민호(정리자): "그럼 투표로 정하되, 진 쪽도 나쁜 감정 없기로 약속하자. 그리고 구호는 어쩔 수 없겠지만 응원 동작은 다른 친구들 의견도 모두 반영하는 걸로 하자! 어때?"

혜진, 태양, 지수: "좋아!"

지수: "우와, 내 구호로 정해졌네? 신난다!"

민호(정리자): "(아쉬워하는 혜진을 다독이는 느낌으로) 혜진아, 너 춤 잘 추잖아. 응원 동작은 네가 안무 짜는 거 어때?"

역할 분담은 명확하게!

역할 분담이 제대로 되지 않는 경우, 모둠활동은 대체적으로 실패하게 됩니다. "누가 뭘 하기로 했더라?" "나는 이거 하기로 한 적 없는데?" 이런 혼란이 생기거나, 한 명이 모든 일을 떠안고 다른 친구들은 놀기만 하는 불공평한 상황이 발생합니다.

역할 분담을 할 땐 명확성이 생명입니다. 아이에게 누가, 무엇을, 언제까지 할 것인지 구체적으로 정해야 한다고 알려 주세요. "알아서 해봐"처럼 애매하게 말하거나 얼버무리면 나중에 문제가 됩니다.

공평성도 중요합니다. 누군가는 쉬운 일만 하고, 누군가는 어려운 일을 떠안으면 불만이 생길 수밖에 없죠. "이건 좀 힘들긴 한데, 그 대신 이 부분은 간단하니까 이렇게 나누는 게 어때?" 이런 식으로 균형을 맞추려는 노력이 필요합니다.

또한 역할 분담 시 각자의 강점을 고려하면 더 좋습니다. "민지는 꼼꼼하니까 자료조사 담당" "지훈이는 글 쓰는 걸 좋아하니까 원고 작성 담당" 식으로 구성원 각자의 능력을 적재적소에 배치하면 효율도 오르고 자기 역할에 대한 만족도도 높아집니다. 이때 결정되는 모든 사항은 아래와 같이 반드시 기록으로 남겨야 합니다.

1조 역할 분담 정리

민지: 자료조사(수요일까지)

지훈: 원고 작성(목요일까지)

서연: PPT 제작(금요일까지)

현우: 발표 연습(다 함께)

이러한 결정 사항은 공책이나 스마트폰 메모장에 적어 두거나, 학급 메신저에 올려서 모두가 볼 수 있도록 알려 주세요.

모둠 구성원들과 협력하는 소통법

역할을 나눈 후 각자 맡은 일을 하게 되었어도, 서로서로 자기 일을 얼마만큼 진행했는지 상황을 공유하는 일은 무척이나 중요합니다. 발표 전날까지 아무 말 없다가 갑자기 "사실 나 하나도 못 했어"라고 하는 것만큼 무서운 상황은 없잖아요? 이를 방지하기 위해서라도 구성원 모두가 "우리 매일 쉬는 시간에 5분씩 모여서 어디까지 했는지 이야기하자" "오늘 밤 9시에 카톡방에 각자 진행 상황 올리기" 식으로 중간중간 진행 상황을 공유하는 편이 좋습니다. 이렇게 시간을 정해 놓고 확인하는 습관을 들이면 문제를 조기에 발견할 수 있습니다.

아이에게 만약 맡은 일이 예상보다 어렵거나, 다른 일로 바빠서 도저히 시간 안에 못 할 것 같으면 구성원들에게 빨리 말해야 한다고 알려주세요. "모둠활동에서 못 하겠다고 말하는 건 나쁜 게 아니야. 오히려 빨리 말해서 함께 해결책을 찾는 게 책임감 있는 행동이야." 어려운 상황을 솔직하게 말하면 다른 친구들이 도와줄 수 있습니다. 끝까지 숨기다가 마지막에 밝혀져 아무것도 손쓸 수 없는 상황인 것보다는 훨씬 나으니까요.

또한 건설적인 피드백을 주고받을 수 있어야 합니다. 모둠 구성원의 결과물이 마음에 안 들 수 있습니다. 이럴 때 어떻게 말하느냐가 중요합니다. "이거 왜 이렇게 했어? 완전 이상한데?" 이런 식으로 다그치면 상대는 기분이 상하고 방어적인 태도를 취하게 됩니다. 그럴 때는 '샌드

위치 기법'을 활용하라고 알려 주세요. 좋은 점을 먼저 말하고(빵), 개선할 점을 덧붙인 다음(내용물), 다시 긍정적인 말로 마무리하는(빵) 방식입니다.

- "민지야, 자료는 정말 풍부하게 모았어." → 좋은 점
- "그런데 우리 주제랑 직접 관련 있는 것만 추리면 더 좋을 것 같아." → 개선점
- "네가 열심히 해 줘서 고마워." → 긍정적 마무리

어쩔 수 없이 부정적인 피드백을 해야 한다면 아이에게 '나-메시지'를 활용하도록 지도해 주세요. "너 이거 잘못했어" 대신 "나는 이 부분이 조금 아쉬웠어"라고 말하면 비난하는 느낌이 훨씬 줄어듭니다. "나는 이렇게 하면 더 좋을 것 같은데, 너는 어떻게 생각해?"처럼 제안하는 형식으로 말하면 상대방도 더 열린 마음으로 피드백을 받아들일 수 있고요.

반대로 아이가 피드백을 받는 경우, 되도록 방어적으로 반응하지 않도록 지도해 주세요. "아, 그래? 알려 줘서 고마워" 식으로 일단 의견 자체는 받아들이고, 그중 이해가 안 되는 부분은 다시 질문하도록 유도합니다. "그 부분을 좀 더 구체적으로 설명해 줄 수 있어?"처럼요. 피드백은 공격이 아니라 함께 더 나은 결과를 만들기 위한 과정임을 아이의 머릿속에 새겨 주세요.

무임승차 문제 해결하기

"우리 애만 일하고 다른 애들은 놀기만 해요. 너무 화가 난대요." 모둠활동 중 벌어질 수 있는 가장 답답한 상황은 아무것도 안 하는 친구 때문에 팀의 분위기가 엉망진창이 되는 때입니다. 흔히들 '무임승차' 문제라고도 하죠. 다른 친구들은 열심히 하는데, 유독 한 명만 뺀질거리면서 자기 할 일을 안 하면 불공평하게 느껴지기도 하고 화도 납니다.

이럴 땐 이유를 파악하는 게 급선무입니다. 정말 게을러서 안 하는 경우도 있지만, 어떻게 해야 할지 몰라서, 또는 자신감이 없어서 손 놓고 있는 경우도 있으니까요. 모둠에 무임승차자가 있다면 아이에게 먼저 그 이유를 한번 물어보라고 가르쳐 주세요. 도움이 필요해서 못 했다면, 이제부터라도 함께 해결 방법을 찾으면 됩니다. 하지만 정말 의지가 없어서 안 하는 경우라면, 단호하게 말해야겠죠. "현우야, 우리 모두 열심히 하고 있는데 너만 안 하면 팀 전체가 힘들어. 네 역할은 꼭 해 줬으면 좋겠어." 만약 이렇게 말했는데도 소용없다면 선생님께 상황을 설명하고 도움을 받으라고 알려 주세요.

초등학교 6학년 다은이 엄마는 이렇게 도와주었습니다. "아이가 모둠활동 일을 혼자 다 하고 있다고 울면서 왔어요. 제가 '먼저 그 친구한테 무슨 문제가 있는지, 도움이 필요한지 물어봤어?'라고 했더니 안 했대요. '그럼 일단 물어보고, 그래도 안 하면 선생님께 말씀드려'라고 했죠. 알고 보니 그 친구가 어떻게 하는지 몰라서 못 하고 있었대요. 우리 애가 도와줬더니 같이 잘했다고 하더라고요."

모둠활동 중에는 다투거나 감정이 상하는 일들이 일어나는 게 당연합니다. 중요한 것은 갈등 후에 관계를 어떻게 회복하느냐입니다. 많은 아이들이 다툰 후 어색해져 서로 말을 안 하거나, 계속 앙금을 품고 지냅니다. 그치만 이렇게 감정이 상할 때마다 서로 토라져 관계를 끝낸다면 아이의 주위에는 아무도 남지 않겠죠. 그러니 갈등이 해결된 후에는 먼저 사과하라고 가르쳐 주세요. "아까는 내가 너무 감정적으로 말했어. 미안해." 설령 아이의 잘못이 아니더라도, 화해의 제스처를 보이면 관계가 훨씬 빨리 회복됩니다. 또 되도록 모둠활동이 끝난 후에는 "다들 고생했어" "우리 팀워크 좋았어" 같은 긍정적인 말로 마무리하라고 알려 주세요.

많은 아이들이 리더십을 '남을 이끄는 능력'이라고 생각합니다. 하지만 진짜 리더십은 '함께 성장하는 능력'입니다. 모둠활동에서 혼자 모든 일을 다 하는 것이 리더십이 아닙니다. 각자의 강점을 살려 함께 더 나은 결과를 만들어 내는 것이 진정한 리더십입니다.

모둠활동이 항상 순조로울 수는 없습니다. 의견이 충돌하고, 계획대로 안 되고, 누군가와 다툴 수도 있습니다. 하지만 이런 경험들이 모여 우리 아이들은 사람들과 함께 일하는 법을 배웁니다. 그렇게 실패와 갈등을 통해 아이는 어제보다 더 성장할 수 있습니다.

구성원 모두의 능력치를 이끌어 내는 협력하는 소통법

○ 사례: 역할 분담과 진행 상황 공유

초등학교 5학년 수진이네 모둠(4명)이 환경보호 포스터를 만드는 미술 프로젝트를 하게 된 상황입니다. 자료조사, 포스터 디자인, 슬로건 작성, 색칠하기 등의 작업을 어떻게 나눠 맡을지 모둠 구성원끼리 의견을 나누기로 했습니다.

수진: "자, 우리 역할을 나눠 볼까? 필요한 일이 뭐가 있을까?"

현우: "자료조사, 포스터 디자인, 슬로건 작성, 색칠하기…? 이 정도면 됐으려나?"

수진: "그럼 민지는 그림을 잘 그리니까 디자인 담당, 현우는 글쓰기를 좋아하니까 슬로건 작성, 태형이는 자료조사, 나는 전체 조율하고 색칠 담당. 이렇게 하는 게 어때?"

민지, 현우, 태형: "좋아!"

수진: "그럼 내일 점심시간에 다시 모여서 각자 어디까지 했는지 확인하자."

민지: (태형이는 자료를 잘 정리해 왔고, 현우는 슬로건 후보 세 개를 가져온 상황) "미안해. 어제 다른 숙제가 너무 많아서 시간이 부족하더라. 도저히 그림을 그릴 시간이 없었어."

수진: "괜찮아. 그럼 우리가 도와줄까? 태형이랑 내가 밑그림 스케치 몇 개 그려 보고, 민지가 그중에 좋은 거 골라서 완성하는 건 어때?"

4

발표 불안, 우리 아이
이렇게 극복합니다

긴장감을 줄이는 실용적인 방법들

발표 전날 밤만 되면 잠을 설치고 밥도 못 먹는 아이들. 흥미로운 사실은 이 같은 '발표 불안증'이 아이들만의 문제가 아니라는 것입니다. 전 세계 성인들을 대상으로 한 어느 조사에서는 '대중 연설에 대한 두려움'이 '죽음에 대한 두려움'보다 높은 순위를 차지했다고 보고한 바 있습니다. 이처럼 발표를 두려워하는 것은 지극히 자연스러운 반응입니다.

문제는 이 두려움을 어떻게 관리하느냐입니다. 사람들은 왜 이토록 발표를 두려워할까요? 아마 '평가받는다'는 느낌 때문일 겁니다. 지금은 성공한 많은 연설가들도 처음에는 발표를 두려워했습니다. 유명한 배우나 가수들도 알고 보면 무대공포증 때문에 고생한 경우가 많죠. 하지만 발표 불안은 후천적인 노력을 통해 충분히 극복할 수 있습니다. 중요한 것은 불안을 '없애는' 것이 아니라 불안을 '관리하고 활용하는' 법을 배우는 것입니다. 적절한 긴장감은 오히려 집중력을 높이고 더 나은 발표를 가능하게 합니다. 이 장에서는 발표를 두려워하는 아이들을 가정에서 도와줄 수 있는 실용적인 방법들을 소개합니다. 심리학과 커뮤니케이션 연구를 바탕으로 한 검증된 기법들이니 믿고 따라 해 보셔도 좋습니다.

“긴장하지 마!” 이 말만으로는 아이의 긴장은 풀리지 않습니다. 발표 불안은 몸과 마음이 모두 관여하는 현상입니다. 심리적으로는 걱정과 두려움이 생기고, 신체적으로는 긴장 반응이 나타납니다. 따라서 불안을 줄이려면 심신 모두에 접근해야 합니다.

우리 몸은 긴장하면 가장 먼저 호흡이 빨라지고 얕아집니다. 일종의 자동 반응이죠. 위험을 감지했을 때 몸이 자동으로 준비 태세를 갖추는 겁니다. 호흡조절은 이 자동 반응을 의식적으로 조정할 수 있는 가장 강력한 도구입니다. 그중에서도 특히 ‘4-7-8 호흡법’은 가장 효과적인 긴장 완화 기법입니다. 방법은 간단합니다. 코로 4초간 천천히 숨을 들이마신 다음 7초간 숨을 참고 입으로 8초간 천천히 내쉬면 됩니다. 이 과정을 3~4회 반복하면 심박수가 낮아지고 마음이 진정됩니다. 발표 며칠 전부터 집에서 아침저녁으로 아이와 함께 해 보세요. “우리 같이 ‘4-7-8 호흡’ 해 볼까?” 발표 직전, 화장실이나 조용한 곳에서 이 호흡을 하면 놀라울 정도로 긴장이 풀립니다.

마찬가지로 우리 몸은 긴장하면 가슴으로만 얕게 숨을 쉬게 됩니다. 이래서는 산소가 충분히 뇌까지 올라가기가 어려우니 배로 깊게 호흡하는 연습을 해야 합니다. 아이를 눕히고 배 위에 손을 올려 숨을 들이마실 때 배가 부풀어 오르는지 확인하는 식으로 연습하세요. 이렇게 호흡하면 산소 공급이 원활해지고, 목소리도 안정됩니다. 발표 중에도 문장이 끝날 때마다 배로 숨을 쉬는 습관을 들이면 목소리 떨림 증상을 줄일 수 있습니다.

긴장하면 자연스럽게 몸에 힘이 들어갑니다. 어깨가 올라가고, 주먹을 꽉 쥐게 되고, 턱에 힘이 들어갑니다. 이 같은 신체의 긴장은 더한 긴장을 부르는 악순환을 초래합니다. 신체의 긴장을 풀어 줘야 심리적 긴장도 함께 완화될 수 있어요. 이를 위해서는 점진적으로 근육을 이완시키는 방법이 효과적입니다. 아이에게 발표 5분 전, 조용한 곳에서 이렇게 해 보라고 알려 주세요.

- 주먹을 5초간 꽉 쥐었다가 펴기.
- 어깨를 귀까지 올렸다가 툭 떨어뜨리기.
- 얼굴을 찡그렸다가 이완하기
- 발가락을 오므렸다가 펴기.

신체의 각 부위를 의식적으로 긴장시킨 다음 이완하면, 우리 몸도 '이완'이 무엇인지 기억하고 긴장을 놓아줍니다. 이 역시 집에서 함께 연습할 수 있습니다. 잠자리에 들기 전 10분 동안 아이와 함께 누워서 연습해 보세요. "주먹을 꽉 쥐어 봐. 하나, 둘, 셋, 넷, 다섯. 이제 확 펴!" 부모가 옆에서 같이 하면 아이도 재미있어 하며 곧잘 따라 할 거예요.

목과 어깨 스트레칭을 생활화하는 것도 좋습니다. 발표 직전에 1~2분 정도만 고개를 천천히 좌우로 돌리거나 앞뒤로 숙이거나 큰 원을 그리며 어깨와 함께 돌려 보면 몸이 훨씬 가벼워지는 걸 느낄 수 있어요. 집에서 아침마다 함께 스트레칭하는 습관을 들이면, 발표 날에도 자연스럽게 할 수 있습니다.

한편 발표 중 손이 떨리면 종이나 포인터를 잡기 어렵고, 이로 인해 긴장감이 더 증폭됩니다. 이런 경우, 아이에게 발표 전 손을 꽉 쥐었다 펴는 동작을 10회 반복하거나, 손가락을 하나씩 구부렸다 펴는 운동을 해 보라고 알려 주세요. 또 손을 주머니에 넣는 것보다는 양손을 자연스럽게 앞으로 모으거나 제스처를 더 크게 하면 오히려 떨림이 눈에 덜 띕니다.

긍정을 통해 성공으로

우리 머릿속의 목소리는 생각보다 강력합니다. '나는 못해' '분명 실수할 거야' '다들 날 이상하게 볼 거야' 이렇듯 스스로에게 부정적인 자기암시를 걸면, 실제로 그렇게 될 가능성이 높아집니다. 심리학에서는 이를 '자기 충족적 예언'이라고 부르는데, 반대로 긍정적인 말은 실제 수행 능력을 향상시키기도 하죠.

"나는 할 수 있어" "나는 충분히 준비했어" "나는 점점 나아지고 있어" "긴장은 자연스러운 거야" 식의 '긍정 확언'을 발표 전에 여러 번 되뇌면, 우리의 뇌는 이를 사실로 받아들이기 시작합니다. 속으로 생각하지만 말고 거울을 보며 입으로 소리 내 말하면 효과가 더 큽니다. 집에서 아이와 함께 해 보세요. 아침에 아이와 거울 앞에 서서 "오늘 나는 잘

할 거야!"라고 크게 말해 보세요. 처음에는 쑥스러울지 몰라도, 몇 번 하다 보면 자연스러워집니다. 뇌는 부정어를 잘 처리하지 못하므로 하지 말아야 할 것보다 할 것에 집중하는 표현이 효과적입니다. 그러니 아이에게 부정을 긍정형으로 바꾸어 표현하는 연습을 시키세요. 이를테면 아이가 "나 못할 것 같아"라고 말한다면 "나는 잘하고 싶어. 어떻게 하면 잘할 수 있을까?"라고 고쳐 말하게 하는 겁니다.

과거의 성공 경험을 떠올리는 것도 좋습니다. "나는 지난번에도 발표를 잘 마쳤어" "작년 발표 때도 떨렸지만 결국 해냈어"처럼 과거의 성공 경험을 상기하면, 뇌는 '나는 할 수 있는 사람'이라는 자기 이미지를 강화합니다.

반대로 머릿속으로 (미래의) 성공을 그려 보는 방법도 효과적입니다. 운동선수들이 경기 전에 많이들 활용하는 기법이지요. 아이에게 발표 전날 밤이나 당일 아침, 조용히 눈을 감고 상상해 보라고 알려 주세요. 자신이 교실 앞에 자신감 있게 서 있는 모습, 친구들이 자기 이야기를 집중해서 듣는 모습, 자기 목소리가 또렷하게 들리는 상황, 발표가 끝나고 박수를 받는 순간까지 최대한 구체적으로 상황을 그려 보는 겁니다. 매일 밤 아이가 잠자리에 들기 전, 5~10분 정도 불을 끄고 반복해 연습하면 실제 발표에서도 몸이 '이미 해 본 것'처럼 반응합니다.

○ **효과적인 긴장 완화 루틴**

운동선수들이 경기 전에 자기만의 루틴을 가지듯이, 아이 역시 발표 전 일정한 루틴을 만들어 두면 심리적 안정감을 얻을 수 있습니다. 루틴은 익숙함을 만들고, 익숙함은 불안을 줄입니다.

아래와 같은 순서를 정해 두고 매 발표마다 같은 루틴을 반복하면, 이 행동들 자체가 '준비 완료' 신호가 되어 마음이 진정됩니다. 이 같은 자기만의 루틴에는 작은 행운의 물건이나 동작을 포함할 수도 있습니다. 좋아하는 색깔의 펜을 손에 쥐거나, 특정 노래를 듣거나, 친한 친구와 하이 파이브를 하는 것처럼 자신에게 의미 있는 행동을 넣으면 심리적 안정감이 더 커집니다.

▶ 발표 10분 전에 화장실 가기 → 4-7-8 호흡 3회 하기 → 거울 보며 긍정 확언("나는 할 수 있어") 세 번 말하기 → 어깨 스트레칭 하기 → 발표 내용의 시작 부분 속으로 읽기 → 깊게 배로 숨 들이마시고 교실로 들어가기

실수했다고 실패하는 게 아닙니다

"엄마, 발표하다가 할 말을 까먹으면 어떡해요?" 발표에서 가장 두려운 순간은 실수를 했을 때입니다. 단어를 까먹거나, 말을 더듬거나, 순서가 헷갈리는 일은 누구에게나 일어날 수 있죠. 문제는 실수 자체가 아니라, 실수에 대한 우리의 반응입니다. 당황해 얼굴이 빨개지고, 사과를 연

발하고, 패닉에 빠지는 반응은 실수를 실패로 만듭니다.

반대로 실수를 자연스럽게 넘기는 법을 알면, 청중은 실수를 거의 눈치채지 못하거나 금방 잊어 버립니다. 발표에서 단 한 가지의 실수도 하지 않는 건 비현실적인 바람입니다. 완벽한 발표는 존재하지 않으며 전문 연사들도 실수를 합니다. 차이는 그들이 실수를 자연스럽게 다룬다는 것 정도랄까요?

그러니 아이에게 이렇게 설명해 주세요. "실수는 누구나 해. 중요한건 실수했을 때 어떻게 하느냐야." 심리학 연구에 따르면, 발표자가 느끼는 실수의 심각성은 청중이 느끼는 것보다 다섯 배 이상 크다고 합니다. 하지만 청중은 발표 중 실수를 그다지 심각하게 받아들이지 않습니다. 우리는 자신에게 모든 조명이 쏠려 있다고 느끼지만, 실제로 청중은 그런 세세한 것들에까지는 주의력이 미치지 않아요.

게다가 실수는 오히려 발표자를 더 인간적으로 보이게 만들 수 있습니다. 너무 완벽한 발표는 로봇 같고 거리감이 느껴지지만, 작은 실수가 있는 발표는 '진짜 사람'이 노력하는 모습으로 보여 공감을 얻기도 합니다.

실수했을 때, 이렇게 넘어가세요

발표 중 갑자기 그다음 말이 생각나지 않는 순간, 다들 한 번쯤 경험해 보셨죠? 이럴 때 가장 최악의 반응은 얼굴이 하얗게 되어 그냥 서 있거나 "아, 뭐였더라…" 하며 당황하는 모습을 보이는 것입니다. 이런 경우 아이에게 우선 침착하게 말을 멈추라고 알려 주세요. 2~3초간의 침묵은 청중으로서도 '아 발표자가 잠시 생각을 정리하고 있구나' 정도로 자연스럽게 느낄 수 있는 부분입니다. 이 2~3초 동안 깊게 숨을 내쉬고 마지막으로 한 말을 떠올리거나 발표 자료를 슬쩍 확인하면 좋습니다. 발표를 준비할 때 이 2~3초의 '일시 정지'를 포함해 연습하는 것도 방법입니다.

그럼에도 기억이 안 난다면, 방금 언급한 내용을 다른 표현으로 바꿔 다시 말하라고 가르쳐 주세요. "제가 말씀드린 것처럼…" 식으로 방금 이야기한 내용을 반복하면, 그 과정에서 다음 내용이 떠오르는 경우가 많습니다. 그래도 안 되면 솔직하게 말하면 됩니다. "잠깐, 제가 다음 부분을 정리하고 싶네요"라고 자연스럽게 말하며 메모를 확인한 후 다시 시작하는 겁니다. 이런 솔직함은 청중에게 오히려 진정성 있는 태도로 비춰집니다.

순서를 바꿔서 발표를 이어 가는 것도 효과적입니다. "이 부분은 나중에 말씀드리고, 먼저 이것부터 설명하겠습니다"라며 기억나는 부분으로 건너뛰어도 괜찮습니다. 청중은 원래 순서를 모르므로 자연스럽게 넘어가면 됩니다.

발표 중 말을 더듬거나 발음이 꼬이는 것도 흔하게 일어나는 일 중 하나입니다. 많은 아이들이 이럴 때 "죄송합니다"를 연발하며 얼굴을 붉

힙니다. 하지만 사과는 오히려 실수를 돋보이게 만들 뿐입니다. 이때 가장 좋은 방법은 사과 없이, 마치 아무 일도 없었다는 듯이 정확한 발음으로 다시 말하는 것입니다. "우리 학교는 학생들의 자주… 자율성을 중시합니다"처럼 자연스럽게 정정하면 청중은 그냥 넘어갑니다. 아이에게 이렇게 가르쳐 주세요. "더듬었다고 '죄송합니다' 하지 마. 그냥 다시 말하면 돼. 아무 일도 없었던 것처럼." 만약 혀가 꼬인 것이 명백한 상황이라면, 가볍게 웃고 넘어가는 것도 효과적입니다. "어, 혀가 꼬였네요"라고 가볍게 웃으며 인정하면 청중도 함께 웃으며 분위기가 오히려 편안해집니다.

물론 사실과 다른 내용을 말하거나, 순서를 잘못 말한 경우에는 정정이 필요합니다. 다행히도 이를 바로 알아챘다면 즉석에서 고쳐 말하는 게 좋습니다. 이때도 길게 사과하거나 변명하지 않고, 사실만 정정하고 넘어가면 됩니다. 만약 한참 후에 실수를 알아챘다면, 자연스러운 타이밍에 언급하도록 가르치세요. "아, 그리고 제가 아까 말씀드린 연도를 정정하겠습니다. 1592년이 맞습니다"라고 하면 됩니다. 하지만 잘못 말한 내용이 중요한 부분이 아니라면 굳이 정정하지 않는 것도 방법입니다. 실수를 지적하면 오히려 청중이 실수에 더 집중하게 되므로, 중요하지 않은 실수는 그냥 넘어가는 편이 나을 수 있습니다.

PPT가 안 나오거나, 실험 도구가 작동하지 않거나, 자료를 빠뜨리는 경우도 있습니다. 이런 경우 아이에게 당황하지 말고 침착하게 대처해야 한다고 알려 주세요. 가장 좋은 방법은 즉석에서 대안을 제시하는 것입니다. "PPT가 안 나오네요. 그럼 제가 칠판에 간단히 그려서 설명하겠습니다" 식으로 다른 방법을 찾으면, 청중은 발표자가 유연하게 대처하는 모습에 오히려 좋은 인상을 받을 수 있습니다. 물론 도저히 혼자 해결하기 어려운 경우라면, 선생님이나 친구에게 도움을 요청하도록 지도해 주세요. "선생님, PPT 연결을 도와주시겠어요?"라고 정중하게 요청하는 것은 전혀 문제가 되지 않습니다. 그동안 청중에게는 "잠시 기다려 주세요. 곧 시작하겠습니다"라고 말하면 됩니다. 자료가 정말 중요한 경우가 아니라면 말로만 설명해도 괜찮습니다.

점진적으로 쌓아 가는 자신감 전략

'다음 발표는 잘해야지.' 많은 아이들이 이렇게 다짐하지만, 구체적인 계획 없이는 똑같은 실수를 반복할 뿐입니다. 발표 자신감은 하루아침에 생기지 않습니다. 작은 성공 경험이 쌓이면서 점진적으로 커지는 것이죠. 너무 높은 목표는 오히려 좌절감을 줄 수 있으므로, 자신의 현재 수준에서 한 단계씩 올라가는 전략이 필요합니다.

이런 식의 단계별 전략을 심리학에서는 노출 치료*exposed therapy*라고 부릅니다. 두려운 상황을 완전히 피하면 불안은 외려 더 커지지만, 그 상황에 스스로를 노출시키면 불안에 조금씩 무감각해질 수 있습니다. 발표 불안도 마찬가지입니다. 우선은 아이가 혼자 연습해 보게 하세요. 자기

방에서 거울을 보고 연습하거나 인형이나 반려동물 앞에서 발표해 보는 겁니다. 아무도 보지 않으니 부담이 없고, 실수해도 괜찮습니다. 이 단계에서는 내용을 익숙하게 만드는 것이 목표입니다.

혼자 연습하는 데 익숙해졌다면 다음은 가족 앞에서 연습해 보게 하세요. 긴장은 되지만, 친근한 사람들 앞인 만큼 덜 무섭습니다. 이때 부모님의 역할이 중요합니다. 아이의 연습을 진지하게 들어 주세요. 중간에 아이의 말을 끊어선 안 되고, 칭찬과 조언을 균형 있게 해 줘야 합니다.

다음으로는 친한 친구들 앞에서 연습해 볼 수 있습니다. 가족만큼은 아니어도 친구들 역시 아이를 응원하는 안전한 상대입니다. 주말에 이들을 집으로 초대해서 서로 발표 연습을 해 보는 것도 좋습니다. 서로 발표하고 피드백을 주고받으면 함께 성장할 수 있습니다.

최종 단계인 학급 전체 앞에서 발표하기에 앞서 소규모 그룹 발표로 먼저 연습해 보는 것도 좋습니다. 작은 그룹에서의 발표는 청중과 눈을 맞추기도 더 쉽고 반응도 보다 직접적으로 느낄 수 있어 큰 발표에 대한 감을 잡기에 효과적입니다.

위의 단계를 모두 연습해 봤다면, 이제 실전입니다. 학급 전체 앞에서 발표하는 것도 앞의 연습들과 크게 다르지 않습니다. 이를 위해서는 한 단계에서 충분히 편안해진 후 다음 단계로 넘어가야 합니다. 아이에게 자신의 속도대로 단계를 올려 연습하라고 가르쳐 주세요. 무리해서 빨리 단계를 올리면 오히려 트라우마가 생길 수 있습니다.

'완벽한 발표를 하겠어'는 너무 큰 목표입니다. 대신 매 발표마다 하나씩 개선할 작은 목표를 정하는 편이 훨씬 효과적입니다. 아이와 함께 아래와 같이 목표를 정해 보세요.

- 첫 번째 발표: 끝까지 포기하지 않고 마치기.
- 두 번째 발표: 청중과 눈 맞춤 세 번 하기.
- 세 번째 발표: 목소리 크기 적절하게 유지하기.
- 네 번째 발표: 제스처 두 번 이상 사용하기.

목표를 정할 땐 이처럼 구체적이고 측정 가능한 방식으로 정하는 게 좋습니다. 내용이 완벽하지 않아도, 말을 더듬어도, 목표를 달성했다면 성공입니다. 이렇게 하면 매 발표마다 성취감을 느낄 수 있고, 자신이 조금씩 나아지고 있다는 것을 확인할 수 있습니다.

발표 후에는 아이와 함께 목표를 얼마나 달성했는지 회고해 보세요. "오늘 목표가 뭐였지? 눈 맞춤 세 번 하기였지? 몇 번 했어?" "음… 네 번 정도 한 것 같아요." "와, 목표보다 더 많이 했네! 잘했어!" 이런 식으로 목표 달성을 확인하고 칭찬해 주세요.

매 발표 후 간단한 일지를 작성하면 아이의 성장을 눈으로 확인할 수 있습니다. 공책을 하나 마련해서 아이와 함께 써 보세요. 잘한 점("오늘은 목소리가 떨리지 않았다"), 개선할 점("너무 빨리 말했다"), 앞으로의 목표("다음엔 천천히 말해 보자") 등 그 어떤 사소한 것이라도 좋습니다. 단, 자신을 비난하는 표현("나는 정말 못했다")은 쓰지 않도록 주의합니다.

실전 예시

매 발표마다 작은 목표 설정하기

○ **사례: 초등학교 5학년 민준이의 발표 일지**

★ 첫 번째 발표 후

- 잘한 점: 끝까지 포기하지 않고 발표를 마쳤다.

- 개선할 점: 목소리가 너무 작았고, 바닥만 봤다.

- 다음 목표: 발표 중 한 번이라도 고개를 들어 친구들을 쳐다보자.

★ 두 번째 발표 후

- 잘한 점: 첫 문장을 말할 때 친구들을 봤다. 목소리도 지난번보다 컸다.

- 개선할 점: 중간에 말이 너무 빨라졌다.

- 다음 목표: 문장 끝마다 한 번씩 숨 쉬며 속도를 조절하자.

★ 세 번째 발표 후

- 잘한 점: 속도 조절을 잘했고, 발표 중 친구들과 눈 맞춤을 세 번이나 했다!

- 개선할 점: 손을 계속 주머니에 넣고 있었다.

- 다음 목표: 제스처를 한 번이라도 써 보자.

발표를 '특별한 사건'이 아닌 '익숙한 활동'으로 만들려면

자신감을 키우려면 연습 기회가 많아야 합니다. 학교 수업 외에도 발표 경험을 쌓을 수 있는 기회를 적극적으로 찾아나서는 편이 좋겠죠. 그런 의미에서 동아리 발표도 좋은 기회입니다. 아이가 평소 관심 있는 주제로 발표를 준비하기 때문에 재미있고, 친한 친구들이 많아 부담이 적습니다. 그 외로는 명절이나 가족 모임에서 '학교에서 배운 것 발표하기' 같은 작은 기회를 만들 수도 있습니다. "우리 ○○이가 학교에서 뭐 배웠는지 한번 발표해 볼까?" 이런 식으로 자연스럽게 기회를 만들어 주세요.

요즘은 줌이나 화상회의를 통해서도 발표할 수 있습니다. 온라인 발표는 대면 발표보다 덜 긴장되면서도 확실하게 발표 경험을 쌓을 수 있는 좋은 기회입니다. 기회가 많을수록 발표는 '특별한 사건'이 아니라 '익숙한 활동'이 됩니다. 익숙해지면 불안은 자연스럽게 줄어듭니다.

당연한 이야기지만 발표를 잘하는 사람을 관찰하면 많은 것을 배울 수 있습니다. 아이에게 학급에서 발표를 잘하는 친구, TV 프로그램의 진행자, 유튜브 크리에이터, 선생님 등 자신이 배우고 싶은 롤 모델을 정하라고 알려 주세요. 그런 다음 그 사람의 발표를 자세히 관찰하며 시작은 어떻게 하는지, 목소리 톤은 어떤지 등 질문을 던지게 하세요. 괜찮은 기법을 발견했다면 이를 따라 해 보는 것도 좋습니다. 예를 들어 평소

즐겨 보는 유튜버가 질문을 던지며 콘텐츠를 시작한다면, 아이 역시 다음 발표를 질문으로 시작해 보는 식으로요. 이때 롤 모델의 스타일을 완전히 베끼는 게 아닌, 좋은 점을 참고해 자신만의 스타일을 만들어 가는 것이 중요합니다.

다시 한번 강조하지만, 발표 능력은 타고나는 것이 아니라 만들어지는 것입니다. 처음부터 발표를 잘하는 사람은 없습니다. 모두가 연습과 경험을 통해 실력을 늘려 갑니다. 우리 아이들도 충분히 할 수 있습니다. 한 번에 한 걸음씩, 작은 성공을 쌓아 가다 보면, 어느새 발표가 두렵지 않은 날이 올 것입니다. 그날까지 부모님이 옆에서 믿고 응원해 주세요. 그 응원과 믿음이 우리 아이를 자신감 있는 발표자로 만들어 줄 것입니다.

다섯 번째 수업

미디어와 함께하는
말하기 교육

1

미디어를 활용한
말하기 훈련

왜 미디어가 말하기 교육에 효과적일까?

"엄마, 저녁 먹고 우리 같이 〈블루이 Bluey 〉 볼래?" 초등학교 3학년 하은이는 거의 매일 저녁을 먹고, 저와 나란히 앉아서 넷플릭스나 디즈니 플러스에 있는 쇼를 한 편씩 보는 것이 루틴이 되었습니다. "왜 엄마랑 같이 보고 싶은데?"라고 물으니 "내가 얼마 전에 본 영상인데 엄마가 진짜 좋아할 것 같아서 그래. 내용을 좀 들어 볼래?" 그러고는 5분 동안 자신이 본 영상에 대해서 눈을 반짝이며 설명하기 시작했습니다.

그 순간 저는 깨달았습니다. 미디어는 우리 아이들에게 단순히 '소비'의 대상이 아니라, 풍부한 '말하기 소재'가 될 수 있다는 것을요. 많은 부모들이 자녀의 미디어 사용 시간을 줄이려고 고군분투합니다. 물론 적절한 조절은 필요합니다. 하지만 현실적으로 우리 아이들은 이미 TV, 영화, 유튜브 등 다양한 미디어와 함께 성장하고 있습니다.

그렇다면 발상을 전환해 보는 건 어떨까요? 아이들이 이미 좋아하고 즐기는 미디어를 말하기 훈련의 도구로 활용하는 것입니다. 15년간 말하기를 가르치며 제가 발견한 가장 효과적인 교육 원리 중 하나는 바로 '익숙함에서 출발하기'입니다. 아이들이 흥미를 느끼는 소재로 시작할 때, 말하기는 비로소 '해야 하는 숙제'가 아니라 '하고 싶은 놀이'가 됩니다.

물론 이렇듯 말하기 교육에 미디어를 활용하는 게 단순히 '재미있기 때문'만은 아닙니다. 커뮤니케이션 이론에서는 효과적인 말하기를 위해 '공통의 준거틀common frame of reference'이 필요하다고 말합니다. 즉, 말하는 사람과 듣는 사람이 공유하는 배경지식과 경험이 있을 때 의사소통이 원활해진다는 것이죠.

미디어 콘텐츠는 바로 이 공통의 준거틀을 제공합니다. 같은 영화, 드라마를 본 아이들끼리는 "너 어제 그거 봤어?"라는 한마디로 즉시 대화가 시작됩니다. 또한 미디어는 시각적·청각적 자극을 동시에 제공하기 때문에 기억에 오래 남고, 이야기할 거리도 풍부합니다. 등장인물의 표정, 목소리 톤, 배경음악까지… 이 모든 것이 아이의 표현력 향상을 위한 학습 자료가 될 수 있습니다. 실제로 저 역시 딸아이와 드라마를 보고 나서 매일 등장인물이 했던 대사를 같이 재밌게 반복하다 보니, 우리만이 아는, 말로 표현할 수 없는 연결감을 느끼게 되었습니다.

미디어를 활용한 단계별 말하기 교육법

총 네 단계로 나누어 살펴볼 미디어를 활용한 말하기 교육은 초등 저학년(유아 포함)부터 중학생까지 모두 참여가 가능한데요, 먼저 가장 기본적인 단계인 '함께 보기와 관찰하기'부터 소개하겠습니다. 이번 단계의 핵심은 말 그대로 '함께' 미디어를 '경험'하는 것입니다. 많은 부모들이 '아이가 TV를 보는 동안 설거지를 해야지'라며 자리를 비우곤 합니다. 이해는 되지만, 말하기 교육의 관점에서는 아쉬운 순간입니다. 함께 보는 시간은 공통의 경험을 만들 수 있는 소중한 기회니까요. 그러니 아이와 함께 미디어를 경험할 때는 아이의 반응을 관찰하세요. 어떤 장면에서 웃는지, 어떤 대사에 집중하는지, 언제 긴장하는지를 지켜보면 나중에 아이와 대화를 이끌어 갈 때 큰 도움이 됩니다.

두 번째 단계에서는 아이로부터 즉각적 반응을 유도하는 게 핵심입니다. 미디어를 보는 도중이나 직후 "지금 이 에피소드에서 뭐가 재미있었어?"라고 물어보세요. 이때 주의할 점은 심문하듯 질문하지 않는 것입니다. "주인공이 왜 그랬을까?"보다는 "엄마는 저 장면이 좀 놀라웠는데, 너는 어땠어?"처럼 자신의 반응을 먼저 공유하고 아이의 의견을 물어보는 것이 좋습니다.

유아나 초등 저학년의 경우, 단답형 대답("재미있었어요")에서 시작하는 경우가 많습니다. 이때 바로 "어떤 부분이?"라고 압박하듯 되묻기보다는 "그래? 엄마도 재미있었어. 특히 토끼가 당근을 찾는 장면이 웃겼는데"라며 구체적인 예시를 먼저 보여 주세요. 아이는 부모의 말하기 패턴을 모방하며 점차 구체적으로 표현하는 법을 배웁니다.

세 번째 단계에서는 선택적으로 집중하는 연습을 해 볼 겁니다. 아이와 모든 내용에 대해 다 이야기할 필요는 없습니다. 오히려 한 가지 요소에 집중해서 깊이 있게 말하는 연습이 더 효과적입니다.

- 등장인물 중심: "너는 오늘 나온 캐릭터 중에 누가 가장 마음에 들었어?"
- 사건 중심: "가장 긴장되었던 장면이 뭐였어?"
- 감정 중심: "주인공이 슬퍼할 때 너는 어떤 기분이었어?"
- 교훈 중심: "이 이야기를 보고 새롭게 알게 된 게 있어?"

초등 고학년이나 중학생의 경우, 좀 더 분석적인 질문도 가능합니다. "만약 네가 감독이라면 결말을 어떻게 바꾸고 싶어?" "이 영화의 메시지가 뭐라고 생각해?" 같은 질문은 비판적 사고와 창의적 표현을 동시에 키울 수 있습니다.

마지막인 네 번째 단계에서는 사고를 확장하고 연결하는 연습을 할 수 있습니다. 미디어 속 내용을 아이의 실제 경험과 연결시키면 말하기는 더욱 풍성해집니다. "주인공처럼 친구한테 용기 내서 말해 본 적 있어?" "너도 그런 상황이었다면 어떻게 했을 것 같아?" 이런 질문은 단순한 요약을 넘어 자신의 생각과 경험을 표현하는 고차원적 말하기로 이어집니다. 동화책의 경우, 읽고 난 후 '이 이야기가 우리 가족 이야기라면?'처럼 상황을 바꿔 보거나 '다음 이야기를 네가 만들어 볼래?'처럼 창작으로 확장할 수도 있습니다.

등장인물 되어 보기와 역할극 활동

부끄러움을 많이 타는 까닭에 사람들 앞에서 좀처럼 말을 잘 못하는 아이도 역할극을 할 때만큼은 달라집니다. 왜 그럴까요? 심리학에서는 이를 '가면 효과 mask effect' 때문이라고 설명합니다. 우리가 잠시 다른 인물이 되고 나면 '(진짜) 나 자신'이 평가받는다는 부담감에서 얼마간 자유로워질 수 있습니다. '내가 잘못 말하면 어쩌지'라는 두려움 대신 '이 캐릭터라면 이렇게 말할 거야'라는 상상의 자유를 얻게 되는 거죠.

또한 역할극은 '맥락 있는 말하기'를 연습할 수 있는 최적의 방법입니다. 일상 대화에서 "크게 말해" "또박또박 말해"라고 아무리 강조해도 아이들은 왜 그래야 하는지 실감하지 못합니다. 하지만 "무서운 호랑이가 되어 볼까?"라고 하면 자연스럽게 목소리를 크고 낮게 조절합니다. "작은 생쥐처럼 말해 보자"라고 하면 소곤소곤 말하는 법을 스스로 터득합니다.

역할극 활동은 가정에서도 쉽게 따라 해 볼 수 있습니다. 먼저 준비 단계에서는 어떤 캐릭터로 역할극을 할지 정하고, 그 캐릭터를 이해하는 과정이 전제됩니다. 유아나 초등 저학년은 주로 주인공이나 자신이 좋아하는 캐릭터를 선택하는 경향이 있습니다. 그렇게 캐릭터를 정했다면 다음은 그 인물에 대해 이야기를 나눠 보세요. "이 친구는 어떤 성격일 것 같아?" "어떻게 말할 것 같아?" "어떤 표정을 지을까?"… 이런 질문을 통해 아이는 캐릭터를 입체적으로 이해하고 그 인물의 입장에서 생각하는 법을 배웁니다. 이는 '관점 취하기 perspective-taking'라는 의사소통 능력의 기초가 됩니다.

이제 다양한 수준의 역할극을 직접 해 볼 차례입니다. 역할극에는 거창한 무대나 의상이 필요하지 않습니다. 거실 소파가 무대가 되고, 엄마의 스카프가 왕관이 될 수 있습니다. 중요한 것은 형식이 아니라 '되어 보기'라는 경험입니다.

○ 레벨 1: 대사 따라 하기

가장 인상적인 대사를 따라 해 봅니다. 동화책의 "누가 내 의자에 앉았지?" 같은 대사를 큰곰, 중간 곰, 아기 곰의 목소리로 다르게 표현해 보는 것만으로도 훌륭한 연습이 됩니다. 목소리의 크기, 높낮이, 빠르기를 조절하는 경험을 통해 아이는 자신의 목소리를 다양하게 활용하는 법을 배웁니다.

○ 레벨 2: 장면 재연하기

좋아하는 장면을 골라 짧게 재연해 봅니다. 대사를 완벽하게 외울 필요는 없습니다. 오히려 자기 말로 바꿔서 표현하는 편이 연습에는 더 좋습니다. "엄마가 악당 할게, 너는 영웅이 되어서 나를 멈춰 봐!" 이렇게 역할을 나누면 더욱 즐겁게 진행할 수 있습니다.

○ 레벨 3: 상황 변형하기

원작에 없는 새로운 상황을 만들어 역할극을 해 보세요. "만약 빨간 모자가 휴대폰을 가지고 있었다면?" "신데렐라가 무도회에 가지 않기로 결심했다면?" 이런 가정은 아이의 상상력을 자극하고, 즉흥적으로 대사를 만들어 내는 능력을 키웁니다.

○ 레벨 4: 캐릭터의 감정과 의도 탐구하기

같은 대사를 여러 감정으로 표현해 봅니다. 초등 고학년이나 중학생 정도 되면 좀 더 깊이 있는 역할극이 가능합니다. "괜찮아"라는 한마디를 정말 괜찮다는 뜻으로 한 번, 화가 났지만 참는 뜻으로 한 번, 슬프지만 위로하는 뜻으로 한 번씩 각각 다르게 말해 보세요. 이러한 연습을 통해 아이는 언어를 단순히 단어가 아닌 어조, 표정, 맥락에 따라 달라지는 일종의 유기체로 받아들이게 되고, 이는 나중에 상대방의 진심을 파악하고 자신의 의도를 정확하게 전달하는 능력을 기르는 데 큰 도움이 됩니다.

역할극은 재미있어야 합니다. 만약 아이가 거부감을 보인다면 절대로 억지로 시켜서는 안 됩니다. 대신 부모가 먼저 재미있게 연기하는 모습을 보여 주세요. "엄마가 이 토끼 역할 할게. 너는 그냥 봐 줄래?"라고 시작하면 대부분의 아이들은 자연스럽게 자기도 따라 참여하고 싶어 합니다. 이때 아이에게 완벽한 연기를 요구하지 마세요. 대사를 잊어버리거나 웃음이 터져도 괜찮습니다. 그 과정 자체가 즐거운 경험이 되는 것이 가장 중요합니다.

줄거리 요약하고 감상 나누기

"오늘 학교에서 뭐 했어?"라고 물으면 "그냥요" "잘 모르겠어요"라고 답하는 아이들이 많습니다. 이는 아이들이 기억을 못 해서가 아닙니다. 머릿속에 있는 많은 정보를 어떻게 추려서 말해야 할지 모르는 것뿐입니다.

요약하기는 단순히 짧게 말하는 기술이 아닙니다. 많은 정보 중에서 핵심을 파악하고 이를 논리에 맞는 순서로 재배열한 다음, 불필요한 부분은 과감히 생략하는 고차원적 사고 과정입니다. 이런 능력은 학교에서 발표할 때, 친구에게 설명할 때, 나아가 성인이 되어 업무보고를 할 때까지 평생에 걸쳐 두고두고 필요한 의사소통의 핵심 능력입니다.

미디어 콘텐츠는 이미 완결된 이야기 구조를 가지고 있어서 요약 연습에 이상적입니다. '처음-중간-끝'의 구조가 분명하고, 주요 사건들이 명확하게 제시되어 있어 아이들이 쉽게 그 흐름을 따라갈 수 있죠. 그럼 각 연령에 맞는 줄거리 요약법을 살펴볼까요?

실전 예시

연령별 줄거리 요약하는 법

○ **유아~초등 저학년: 순서 익히기**

- 시간 순서대로 이야기하기: "처음에 뭐가 있었어?" "그다음에는?" "마지막

에는?” 처럼 세 가지 단계를 밟아 질문해 보세요.

- 그림책 활용하기: 책을 다시 펼쳐서 주요 장면의 그림들을 아이와 함께 보며 “여기서는 무슨 일이 있었지?”라고 물어보세요. 시각적 단서가 있으면 기억을 더 쉽게 끄집어낼 수 있습니다. 너무 긴 이야기는 부담스러울 수 있으니 5분 내외의 짧은 애니메이션이나 그림책으로 시작하세요.

○ 초등 중학년: 주요 사건 파악하기

- 중요한 사건과 덜 중요한 사건을 구분하기: “이 이야기에서 가장 중요한 사건이 뭐였을까?” “만약 이 사건이 없었다면 이야기가 어떻게 달라졌을까?” 같은 질문을 통해 핵심 사건을 파악하는 법을 가르쳐 주세요.

- 육하원칙 적용하기: ‘누가, 언제, 어디서, 무엇을, 어떻게, 왜’의 육하원칙을 적용해 볼 수도 있습니다. 다만 모든 요소를 기계적으로 채워 넣기보다는, 이야기의 특성에 따라 중요한 요소들을 선택적으로 사용하도록 알려 주세요.

○ 초등 고학년~중학생: 이야기를 구조화하고 사건의 의미를 해석하기

- ‘발단-전개-위기-절정-결말’의 구조 알려 주기: 영화나 소설을 이 틀에 맞춰 분석해 보게 합니다. “주인공의 문제는 뭐였어?” “그 문제가 어떻게 해결되었어?” 같은 질문으로 아이로 하여금 이야기의 골격을 파악하게 해 주세요.

- 한 문장으로 요약하기: “이 영화를 한 문장으로 설명한다면?” 이런 극단적 요약은 이야기의 핵심만을 추출하는 능력을 키워 줍니다.

요약이 ‘무슨 일이 있었는가’에 대한 것이라면, 감상은 ‘나는 어떻게 느꼈고 무슨 생각을 했는가’에 대한 것입니다. 감상을 나누는 연습은 자신의 내면을 들여다보고 그것을 언어로 표현하는 중요한 과정입니다.

많은 아이들이 "재미있었어요" "좋았어요" "슬펐어요"처럼 제한된 감정 어휘만을 사용합니다. 부모의 역할은 이 제한된 감정 어휘를 확장해 주는 것입니다. "슬프다고 했는데, 정확히 어떻게 슬픈 거야? 눈물이 날 정도로 슬펐어, 아니면 마음이 먹먹한 정도였어?" "재미있었다는 건 배꼽 빠지게 웃긴 거였어, 아니면 계속 보고 싶을 만큼 흥미진진했던 거야?" 이렇게 감정을 구체화하도록 도와주면 아이는 점차 다양한 감정 표현을 익히게 됩니다.

아이가 자신의 감정을 스스로 더 파고들 수 있도록 '왜'라는 질문을 자주 던져 주세요. "왜 그렇게 느꼈어?"라는 질문에 처음에는 "그냥요"라고 답할 수 있지만, 부모가 먼저 자신의 이유를 설명해 주면 아이도 자연히 따라 하게 됩니다. "엄마는 주인공이 친구를 배신했을 때 화가 났어. 왜냐하면 친구는 소중하게 대해야 한다고 생각하거든. 너는 어땠어?" 이런 식으로 감정과 이유를 결합한 패턴을 보여 주는 것도 효과적입니다.

주말에 가족이 함께 같은 콘텐츠를 보고 감상을 나누다 보면, 종종 의견이 다를 때가 있습니다. 하지만 이는 교육 면에서 오히려 좋은 기회가 됩니다. "우리는 같은 걸 봤는데 이렇게나 서로 다르게 느꼈네. 신기하다!"라며 저마다의 개성과 다양성을 인정해 주세요. 형제자매가 있다면 더욱 좋습니다. 누나는 주인공이 멋있다고 하는데 동생은 짜증 난다고 할 수 있습니다. 이때 "둘 다 맞아. 사람마다 다르게 볼 수 있는 거야"라고 인정해 주면, 아이는 자신의 의견을 자유롭게 표현하는 동시에 다른 관점을 존중하는 법을 배웁니다.

② 디지털 시대의 소통 방법

디지털 기기와 SNS를 활용한 소통 능력 기르기

제가 15년 전 처음 말하기 강의를 시작했을 때만 해도 '소통'이라고 하면 대부분 얼굴을 마주하고 나누는 대화를 떠올렸습니다. 하지만 지금 우리 아이들이 살아갈 세상은 완전히 달라졌습니다. 초등학교 저학년 아이들조차 카카오톡으로 숙제를 확인하고, 유튜브로 친구들과 관심사를 공유하며, 온라인게임에서 모르는 사람들과 협력합니다. 이제 디지털 소통은 선택이 아닌 필수 능력이 되었습니다.

많은 부모들이 "우리 아이가 스마트폰만 보고 있어요" "게임만 하고 대화를 안 하려고 해요"라며 우려의 기색을 비칩니다. 저도 강의를 하면서 이런 고민을 정말 자주 듣습니다. 그치만 여기서 한 가지 짚고 넘어가야 할 점이 있습니다. 아이들이 디지털기기를 사용하는 것 자체가 문제인 게 아니라 '어떻게' 사용하느냐가 중요하다는 것입니다. 디지털 도구는 말 그대로 '도구'일 뿐입니다. 연필을 쥐어 주되 글씨 쓰는 법을 가르치지 않으면 낙서만 하듯이, 스마트폰을 쥐어 주되 소통하는 법을 가르치지 않으면 일방적인 소비만 하게 됩니다. 이를 방지하기 위해 우리는 아이들에게 디지털 세상에서 안전하고 효과적으로 소통하는 법을 가르쳐야 합니다.

디지털 소통 능력을 기르기 위해서는 세 가지 핵심 요소를 이해하고 훈련해야 합니다. 이는 오프라인 소통 능력의 연장선에 있지만, 디지털 환경의 특성을 반영해 더욱 세심한 접근이 필요합니다.

디지털 소통 능력을 기르기 위한 첫 번째 핵심 요소는 표현의 명확성입니다. 디지털 공간에서는 표정, 목소리 톤, 몸짓 같은 비언어적 요소가 제한되거나 사라집니다. 오프라인에서는 상대방의 표정을 보고 '내 말이 기분 나빴나?' 하고 즉시 파악할 수 있지만, 텍스트 기반 소통에서는 그럴 수 없습니다. 초등학교 저학년 아이가 친구에게 "ㅇㅋ"라고만 보냈을 때, 받는 친구는 그것이 진심으로 동의하는 것인지 귀찮아서 대충 답한 것인지 알 수 없습니다. 같은 두 글자지만 받는 사람은 여러 가지 의미로 해석할 수 있고, 때로는 그것이 오해와 상처로 이어지기도 합니다. 따라서 디지털 공간에서는 자신의 감정, 의도, 요청 사항을 오해의 여지 없이 전달하기 위해 더욱 명확하고 구체적으로 표현하는 능력이 필요합니다.

가정에서는 이렇게 연습할 수 있습니다. 아이가 가족 단톡방에 메시지를 보낼 때 '잘 읽히는지' '의도가 제대로 전달되는지'를 함께 확인해 보는 것입니다. 이때 이모티콘이나 느낌표 등을 적절히 활용해 감정을 표현한다면 더 명확한 전달이 가능합니다. "엄마 나 학원 끝났어"보다 "엄마, 학원 수업 5시에 끝났어요. 5시 20분쯤 집에 도착할게요!"가 훨씬 명확하고 따뜻한 소통이라는 것을 자연스럽게 배울 수 있습니다. 이런 방식의 훈련은 텍스트 메시지를 보낼 때 습관적으로 육하원칙을 떠올리게 하는 효과도 있습니다. 누가, 언제, 어디서, 무엇을, 어떻게, 왜 하는지를 간결하면서도 충분히 전달하는 연습이지요. 중요한 것은 '더 많이 쓰기'가 아니라 '더 명확하게 쓰기'입니다.

디지털 소통 능력을 기르기 위한 두 번째 핵심 요소는 공감과 배려의 표현입니다. 디지털 소통에서도 감정은 중요하며, 오히려 비언어적 요소가 부족하기 때문에 감정 전달에 더 많은 노력을 기울여야 합니다. 중학생 정도 되면 SNS에서 친구의 게시물에 '좋아요'만 누르는 것과 "오늘 발표 정말 멋있었어! 네가 준비 많이 한 게 느껴졌어"라고 댓글을 다는 일의 차이를 인지해야 합니다. 진정한 공감은 클릭 한 번으로 이뤄지지 않습니다. 아이에게 화면 너머에 있는 친구도 우리와 똑같이 기쁨과 슬픔을 느끼는 사람이라는 사실을 가르쳐야 합니다. 그리고 이를 위해서는 아이들에게 디지털 환경에서 적극적으로 경청하는 법을 알려 줘야겠지요. 친구의 메시지를 읽고 '읽씹(읽고 답하지 않기)'하지 않기, 단답형보다는 성의 있는 답변을 보내기, 친구의 경사에 진심으로 축하하는 댓글 달기 등이 이에 해당됩니다.

초등학교 저학년 아이들에게는 이모티콘의 의미부터 가르쳐 주세요. 같은 웃는 얼굴이라도 '😊'(만족, 행복)와 '😆'(크게 웃음, 감당 안 됨)는 다른 감정을 담고 있다는 것, '👍' 하나만 보내는 것보다 "고마워❤️" 쪽이 더 따뜻한 메시지라는 것을 알려 줘야 합니다. 초등학교 고학년과 중학생에게는 친구가 힘든 일을 겪고 있을 때 "힘내"라는 짧은 말 대신 "힘들겠지만 내가 옆에서 응원할게. 필요하면 언제든 말해"처럼 구체적인 배려의 말을 사용하도록 지도해 주세요. 아이가 말에 온기를 담을 수 있도록.

디지털 소통 능력을 기르기 위한 세 번째 핵심 요소는 디지털 리터러시입니다. 커뮤니케이션 전공자로서 제가 강조하고 싶은 부분은, 디지털 리터러시가 단순히 기기를 잘 다루는 기술적 능력을 의미하지 않는다는 겁니다. 외려 이는 온라인에서 접하는 정보를 비판적으로 읽고 신뢰할 수 있는 정보와 그렇지 않은 정보를 구별하며, 자신의 생각을 적절한 플랫폼에서 적절한 방식으로 표현하는 능력입니다. 그리고 이는 곧 책임감 있는 시민의식과 연결됩니다.

그러니 아이와 함께 뉴스나 SNS 게시물을 볼 때는 비판적 질문을 습관처럼 던져 주세요. "이게 진짜일까?" "이 정보의 출처가 어디일까?" "이 사람이 이런 글을 쓴 진짜 이유는 무엇일까?" 같은 질문들을요. 중학생에게는 자신의 개인정보 공개 범위를 스스로 확인하고 관리하는 법을 가르쳐 주세요. "이 정보를 학교 전체가 본다면?" "10년 후에 다시 봐도(이 기록 혹은 정보가 남아 있어도) 괜찮을까?" 같은 질문을 던지고 스스로 답을 찾을 수 있도록 지도해 주세요. 이런 훈련은 아이들이 단순한 정보 소비자가 아닌, 책임감 있는 정보 생산자로 성장하는 데 큰 도움이 됩니다.

온라인과 오프라인 소통의 차이점 이해하기

강의를 하다 보면 이런 질문을 자주 받습니다. "요즘 아이들이 온라인에서는 말을 잘하는데 막상 만나면 말을 못하더라고요. 어떻게 해야 하나요?" 반대로 "우리 아이는 친구들과는 잘 노는데 단톡방에서는 왕따를 당해요"라는 고민도 듣습니다. 이는 온라인과 오프라인 소통이 근본적으로 다른 환경과 규칙을 가지고 있기 때문에 발생하는 현상입니다.

15년간 말하기를 가르치면서 제가 발견한 가장 중요한 변화는, 과거에는 '말을 잘한다'라는 것이 곧 '소통을 잘한다'를 의미했다면, 지금은 상황에 따라 다른 소통 방식을 구사할 수 있어야 말을 잘한다고 인정받을 수 있게 되었다는 겁니다. 우리 아이들은 두 세계를 모두 살아가야 합니다. 따라서 각 공간의 특성을 이해하고, 상황에 맞는 소통 방식을 선택할 수 있어야 합니다. 부모로서도 이 차이를 명확히 이해해야만 아이의 양쪽 소통 능력을 균형 있게 키워 줄 수 있습니다. 그럼 본격적으로 온·오프라인 소통의 차이점을 살펴볼까요?

첫째, 온라인 소통과 오프라인 소통은 서로 다른 시간과 공간 배경을 전제로 합니다. 한마디로 즉시성과 비동시성의 차이랄까요. 오프라인 소통은 '지금, 여기'에서 일어나는 즉각적인 소통입니다. 친구와 운동장에서 대화할 때 우리는 즉각적으로 반응하고 대응해야 합니다. 상대방의 표정이 변하면 바로 알아차려야 하고, 분위기가 어색해지면 화제를 바꿔야 합니다. 이것이 오프라인 소통의 장점이자 어려움입니다. 생생하고 진솔하지만, 실수할 여지도 많고 긴장감도 큰 소통 방식이죠. 상대방의 질문에 3초 안에 대답해야 하고, 표정의 변화를 놓치면 관계에 문제가 생길 수 있습니다. 이 즉시성은 순발력과 순간적인 감정 조절 능력을 요구합니다. 말하기가 서툰 아이들에게는 큰 부담이 될 수밖에 없습니다.

반면 온라인 소통은 시간과 공간의 제약이 없는 비동시적 소통이 일반적입니다. 친구가 보낸 메시지에 바로 답하지 않아도 되고, 답장을 보내기 전에 여러 번 고쳐 쓸 수 있습니다. 이 여유는 아이가 자신을 더 신중하고 세련되게 표현할 수 있도록 돕기도 하죠. 특히 말하기가 서툰 아이들은 온라인에서 더 편안하게 자신을 표현할 수 있습니다. 하지만 이는 동시에 약점이 되기도 합니다. 답장이 너무 늦으면 관계가 멀어질 수 있고, 지나치게 고민해서 쓴 메시지는 오히려 어색하게 느껴질 수 있으니까요.

무엇보다 아이들에게 이 차이를 이해시키는 것이 중요합니다. '단톡방에서는 재미있는데 만나면 마치 딴사람처럼 재미가 없어지는' 친구가 있다면, 그 친구는 소통을 못하는 게 아니라 오프라인의 즉시성에 익숙하지 않은 것일 수 있습니다. 이런 아이에게는 오프라인 소통의 장점, 즉 솔직한 감정 전달의 힘을 알려 주고, 대면 만남에서는 스마트폰을 잠시 내려놓고 친구와 눈을 마주치며 이야기하는 연습을 시켜야 합니다. 반대로 '말은 잘하는데 단톡방에서는 답장이 너무 늦는' 친구는 온라인 소통의 속도감에 적응하지 못한 것일 수 있습니다. 그런 아이에게는 각 공간에는 그 공간만의 리듬이 있다는 것을 알려 주세요.

둘째, 온라인 소통과 오프라인 소통은 정보의 양적인 면에서도 다릅니다. 다시 말해 고(高) 맥락 소통과 저(底) 맥락 소통의 차이랄까요. 커뮤니케이션 이론에서는 오프라인 소통을 '고 맥락**high-context** 소통'이라고 부릅니다. 오프라인 소통에서 우리는 말의 내용뿐만 아니라 수많은 비언어적 정보를 주고받습니다. 표정, 목소리 톤, 말의 속도, 눈 맞춤, 몸짓, 거리, 심지어 숨소리까지도 소통의 일부죠. 초등학교 저학년 아이들도 친구가 화가 났는지 아닌지 정도는 얼굴만 봐도 알 수 있고, "괜찮아"라는 말의 진심을 표정만 보고도 파악할 수 있지요. 이런 정보들이 풍부하게 제공되기 때문에 오프라인 소통은 직관적입니다.

하지만 온라인 소통은 '저 맥락**low-context** 소통'입니다. 텍스트 메시지는 말의 내용만 전달할 뿐 대부분의 비언어적 정보가 사라집니다. 영상 통화를 해도 화면 너머의 정보는 제한적입니다. 그래서 같은 말이라도 온라인에서는 다르게 해석될 수 있죠. "알겠어"라는 한마디가 오프라인에서는 친근한 동의일 수 있지만, 텍스트로는 무뚝뚝하거나 심지어 화난 것처럼 느껴질 수도 있습니다. 이모티콘이 현대 디지털 소통에서 필수적인 요소가 된 이유도 바로 여기에 있습니다. 제한된 맥락을 보완하기 위한 도구인 거죠.

아이들은 앞으로 디지털 소통의 비중이 늘 수밖에 없습니다. 비언어적 정보의 도움을 받을 수 없는 가운데 의사소통 과정에서 오해를 불러일으키지 않으려면 이모티콘 사용이 필수 불가결하죠. 이모티콘을 적재적소에 활용하기 위해 아이와 다음과 같은 실험을 해 볼 수 있습니다. "오늘 늦을 것 같아"라는 똑같은 문장을 쓴 후, 그 뒤에 아무 이모티콘도

붙이지 않은 것과 '😆' '😭' '😊'를 붙인 것의 느낌 차이를 이야기해 보는 것입니다. '😆'를 붙이면 "친구들이랑 너무 재미있어서 시간 가는 줄 몰랐어"라는 뜻이 되고, '😭'를 붙이면 "버스를 놓쳐서 속상해"라는 뜻이 되며, '😊'를 붙이면 "괜찮으니 걱정하지 마"라는 뜻이 됩니다. 같은 문장이지만 이모티콘 하나로 완전히 다른 의미를 나타내게 되죠. 이런 과정을 통해 아이는 온라인에서는 이모티콘이나 느낌표를 활용해 자신의 의도와 감정을 친절하게 설명해야 한다는 것을 배우게 됩니다.

셋째, 온라인 소통과 오프라인 소통은 보존의 기간 면에서도 다릅니다. 영구성과 전파성의 차이, 다시 말해 휘발되느냐 기록되느냐의 차이랄까요. 오프라인에서 한 말은 공기 중에 흩어지는 휘발성을 가집니다. 물론 상대방의 기억에는 남겠지만, 정확한 문장 그대로 남지는 않습니다. 시간이 지나면 희미해지고, 듣는 사람마다 다르게 기억합니다.

온라인은 완전히 다릅니다. 한번 보낸 메시지는 디지털데이터로 남는 기록성을 가집니다. 스크린 숏을 찍으면 영원히 보존되며, 검색이 가능하고, 쉽게 전파됩니다. 단 한 명에게 보낸 메시지가 몇 번의 클릭으로 수백, 수천 명에게 퍼질 수도 있죠. 장난으로 보낸 사진이나 경솔하게 작성한 글이 '박제'되어 평생의 꼬리표로 남는 경우도 많습니다.

중학생 정도가 되면 이 '디지털 흔적'의 위험성을 반드시 이해해야 합니다. SNS에 올린 친구 욕이 학교 전체에 퍼져 집단따돌림으로 이어진 사례, 장난으로 보낸 사진이 악용된 사례 등은 안타깝게도 너무 흔합니다. 어린아이들에게 두려움을 주려는 것은 아니지만, 어릴 때부터 '온라인에 올리기 전에 한 번 더 생각하기' '이것을 담임 선생님이나 미래의 면접관이 봐도 괜찮을까 상상해 보기' 같은 실천 가능한 습관을 기르는 편이 좋겠죠. 또한 상대방의 명예를 훼손하거나, 상대방에게 모욕감을 줄 수 있는 메시지는 기록으로 남아 법적으로 처벌받을 수 있다는 현실적인 경고도 필요합니다. 디지털 공간에는 '지우개'가 없다는 것을 명심해 주세요.

넷째, 온라인 소통과 오프라인 소통은 연결의 깊이가 다릅니다. 15년 전 제 첫 제자들은 친구 10명 정도와 깊이 있는 관계를 유지했습니다. 지금 아이들은 SNS에서 100명, 200명과 '친구'입니다. 양적으로는 엄청나게 늘었지만 질적으로는 어떨까요? 많은 연구들이 온라인 관계만으로는 진정한 친밀감을 형성하기 어렵다고 말합니다.

물론 온라인 소통은 관계를 유지하고 확장하는 데는 탁월합니다. 이사 간 친구와 연락하거나 같은 관심사를 가진 새로운 친구를 만나는 등 다양한 사람들과 연결될 수 있죠. 하지만 사람 사이의 깊은 신뢰와 진정한 이해는 대부분 오프라인에서 쌓이는 법입니다. 함께 시간을 보내고, 같은 경험을 공유하고, 어려운 순간을 함께 견디는 과정에서 진짜 관계가 만들어집니다.

아이들에게는 온라인과 오프라인 소통을 보완적으로 사용하도록 가르쳐야 합니다. 온라인으로 약속을 잡고 대화를 이어가되, 중요한 이야기는 직접 만나서 한다거나 하는 식으로 균형 잡힌 소통 습관이 필요합니다. 아이에게는 넓은 인맥과 깊은 관계, 둘 다 중요하니까요.

건전한 디지털 소통 예절 가르치기

'예절'이라는 단어를 들었을 때 많은 이들이 고리타분한 규칙을 떠올립니다. 하지만 제가 15년간 커뮤니케이션을 가르치면서 깨달은 것은, 예절의 본질은 상대방에 대한 배려라는 점입니다. 문을 열고 들어갈 때 뒤에 오는 사람을 위해 문을 잡아 주는 것처럼, 디지털 공간에서도 다른 사람을 배려하는 행동이 바로 예절입니다.

익명성이 보장되는 디지털 공간은 즉각적인 피드백을 필요로 하지 않는 데다 물리적 거리까지 있다 보니 예절을 지키기가 더 어렵습니다. 화면 너머에 있는 사람을 실제 사람으로 인식하지 못하고 아무 말이나 해도 괜찮다고 착각하기 쉽죠. 특히 감정 조절이 미숙한 아이들은 더욱 그렇습니다. 그래서 더더욱 의식적으로 디지털 소통 예절을 가르쳐야 합니다.

오프라인에서 시간을 지키는 것이 예의라면, 온라인에서는 적절한 시간에 메시지를 보내는 것이 예의입니다. 초등학생들에게 가르쳐야 할 기본 규칙은 '저녁 9시 이후, 아침 8시 이전에는 급한 일이 아니면 메시지를 보내지 않기'입니다. 단체 채팅방에서는 더욱 신중해야 합니다. 한밤중에 울린 메시지 알림음이 여러 사람의 잠을 깨울 수 있기 때문입니다. 아이들은 자기중심적으로 생각하기 쉬워서, 그저 심심하다는 이유로 밤 12시에 보낸 메시지가 다른 친구들에게 어떤 피해를 끼치게 될지 알지 못합니다.

답장의 타이밍도 중요합니다. 즉시 답해야 한다는 강박은 아무래도 스트레스가 될 수밖에 없지만, 너무 늦게 답하면 관계가 소원해집니다. 중학생 정도 되면 '메시지를 확인했으면 하루 안에는 답장하기' '바빠서 자세한 답을 못 하겠다면 "나중에 자세히 얘기할게"라고 알려 주기' 같은 배려를 할 줄 알아야 합니다. 특히 '읽씹(읽고 답장하지 않기)'은 상대방을 매우 불안하게 만들 수 있다는 것을 알려 주세요. 상대방은 영문도 모른 채 '내가 기분 나쁜 말을 했나?' '나를 싫어하게 됐나?' 같은 생각으로 몇 날 며칠을 괴로워할 수 있습니다.

오프라인에서 공공장소와 사적 공간에서의 에티켓이 다르듯, 온라인에서도 공개 게시판과 개인 메시지, 소규모 단톡방과 대규모 그룹 채팅은 저마다 그 룰이 다 다릅니다. 단체 채팅방에서는 모두가 관심 있는 주제로 대화해야 합니다. 특정 소수만 알아들을 수 있는 농담을 계속하거나, 자기 이야기만 늘어놓아서는 안 됩니다. 개인적인 이야기는 개인 메시지로 나눠야 한다고 알려 주세요.

또한 누군가를 단체 채팅방에 초대하기 전에는 반드시 기존 멤버들의 동의를 구해야 합니다. '단톡방 테러'나 '단체방 폭파'와 같은 무례한 행위가 일어나지 않도록 사적 공간과 공적 공간의 경계를 명확히 구분해야 합니다. 단톡방은 여러 사람이 함께 사용하는 거실 같은 공간이라고 생각하면 이해가 쉽습니다. 거실에서 혼자만의 이야기를 크게 하거나, 한밤중에 소란을 피우면 다른 가족들이 불편한 것처럼, 단톡방도 마찬가지입니다.

디지털 공간에서는 말투를 더욱 조심해야 합니다. 앞서 말했듯이 목소리 톤이나 표정이 전달되지 않기 때문에 무심코 한 말이 공격적으로 들릴 수 있습니다. "아니지""틀렸어""그게 아니라" 같은 직설적인 표현은 오프라인에서는 밝게 웃으면서 할 수 있지만, 텍스트로는 날카롭게 느껴집니다. 온라인상에서만큼은 "내 생각에는~""이렇게 해 보는 건 어때?""혹시 이건 아닐까?" 같은 부드러운 표현을 사용하도록 가르쳐야 합니다. 이때 물음표나 이모티콘을 적절히 활용하는 것도 도움이 됩니다. 또한 욕설, 비속어, 남을 비하하는 표현은 디지털 공간에서 절대 사용하지 않도록 강력하게 교육해야 합니다.

더 나은 온라인 세상은 이 공간을 자기 무대로 삼을 우리 아이들만이 만들 수 있습니다. 그러니 아이가 단순한 예절을 넘어서 '디지털 시민성'을 기를 수 있도록 도와주세요. 이를 위한 첫걸음은 책임감 있는 정보 공유에서부터 시작됩니다. 확인되지 않은 정보, 특히 누군가에게 해가 될 수 있는 정보를 함부로 퍼뜨려서는 안 된다고 가르쳐 주세요. 중학생 정도가 되면 뉴스나 정보를 공유하기 전에 출처를 확인하고, 사실인지 검증하는 습관을 길러야 합니다. "이거 진짜야?"라고 물어보는 비판적 사고가 몸에 밸 수 있도록 지도해 주세요.

온라인에서는 부정적인 감정이 빠르게 전염됩니다. '악플'이나 '험담'은 순식간에 분위기를 망가뜨리죠. 누군가 불평을 하면 다른 사람들도 따라서 불평하기 쉽습니다. 그런 때일수록 긍정적인 말 한마디가 분위기를 바꿀 수 있습니다. 친구의 게시물에 진심 어린 응원 댓글 달기,

좋은 소식에 함께 기뻐하기, 어려움을 겪는 친구에게 위로의 메시지 보내기 같은 작은 행동들이 디지털 공간을 더 따뜻하게 만듭니다.

사이버불링 예방과 대응은 반드시 다뤄야 할 주제입니다. 가해자가 되지 않는 것은 물론, 방관자가 되지 않는 것도 중요합니다. 단체 채팅방에서 누군가를 집단으로 괴롭히는 상황을 목격했을 때 침묵하는 것은 암묵적 동조입니다. "이건 아닌 것 같아" "그만하자"라고 말하는 용기, 괴롭힘을 당하는 친구에게 개인적으로 위로의 메시지를 보내는 따뜻함을 가르쳐야 합니다. 또한 괴롭힘을 당했을 때는 혼자서 끙끙 앓지 말고 부모님이나 선생님께 즉시 상담을 받아야 한다고 알려 주세요.

다른 친구들의 사생활을 존중하는 태도 역시 더 나은 온라인 세상을 만들기 앞서 아이가 반드시 배워야 할 덕목입니다. 다른 사람의 사진이나 개인정보를 허락 없이 올리지 않기, 개인 메시지의 내용을 다른 곳에 공유하지 않기, 누군가의 위치나 일정을 함부로 공개하지 않기 같은 기본 원칙을 지켜야 합니다. 자신의 프라이버시를 지키는 것도 중요하지만, 타인의 프라이버시를 존중하는 일은 더더욱 중요합니다.

디지털 소통 예절은 일방적으로 가르친다고 배울 수 있는 게 아닙니다. 가정에서 함께 실천하고 대화하는 과정이 필요하죠. 그렇다면 가족 디지털 규칙 만들기부터 시작하세요. 식사 시간에는 스마트폰 보지 않기, 가족 단톡방에서 예의 바르게 대화하기, 개인 방에서 영상 시청할 때 이어폰 사용하기 같은 규칙을 함께 정하고 모두가 지키는 것입니다. 중요한 것은 부모도 같은 규칙을 따라야 한다는 점입니다.

디지털 소통 상황을 함께 되돌아보는 것도 효과적입니다. 아이가 단톡방에서 오해를 받았다거나 친구와 갈등이 있었다는 이야기를 하면, 비난하거나 훈계하기보다는 함께 상황을 분석해 보세요. "그 말이 친구에게 어떻게 들렸을까?" "다르게 표현했다면 어땠을까?" 같은 질문을 통해 스스로 생각하게 만드는 것입니다.

오늘날, 그리고 다가올 미래에 디지털 소통은 선택이 아닌 필수입니다. 하지만 두려워할 필요는 없습니다. 디지털 네이티브 세대인 우리 아이들은 빠르게 이 세계에서 소통하는 법을 배울 겁니다. 부모가 해야 할 일은 그 기술 위에 인간다운 소통의 가치를 심어 주는 것입니다. 명확하게 표현하고, 공감하며 배려하고, 책임감 있게 행동하는 것. 이는 디지털이든 아날로그든 변하지 않는 소통의 본질입니다. 우리 아이들이 단순히 디지털기기에 익숙해지는 것을 넘어, 그 위에서 따뜻한 마음을 나누고, 진정한 관계를 맺고, 더 나은 세상을 만드는 데 기여하는 현명하고 책임감 있는 디지털 시민으로 성장하도록 돕는 것. 그것이 디지털 시대를 살아가는 부모의 가장 중요한 역할입니다.

3

미디어 속 롤 모델

우리 아이에게 맞는 롤 모델 찾기

15년간 공적 말하기를 가르치며 제가 발견한 흥미로운 사실이 있습니다. 말하기 실력이 급격히 향상되는 학생들의 공통점은 바로 '좋은 롤 모델'을 가지고 있다는 것이었습니다. 심리학에서는 이를 '관찰학습 observational learning'이라고 부릅니다. 아이들은 직접적인 교육보다 관찰과 모방을 통해 더 빠르고 자연스럽게 학습하거든요.

과거에는 롤 모델을 찾기가 쉽지 않았습니다. 주변의 어른들이나 선생님이 전부였죠. 하지만 지금은 다릅니다. 유튜브, 넷플릭스, 팟캐스트 등 다양한 미디어를 통해 우리 아이들은 매일 수많은 화법을 접하고 있습니다. 문제는 이 풍요로운 환경 속에서 '좋은' 롤 모델을 어떻게 찾느냐는 것입니다.

한 가지 더 생각해 봐야 할 점이 있습니다. 미디어 콘텐츠가 너무 많아지면서 아이들은 편집되고 완벽해 보이는 화법만을 접하게 됩니다. 잘못된 부분은 모두 잘라 내고 매끄러운 장면만 이어 붙인 결과물을 말이죠. 그러나 이런 완벽함은 오히려 아이로 하여금 '나는 왜 저렇게 못하지?' 하는 자괴감을 느끼게 할 수 있습니다. 따라서 우리는 아이에게 단순한 모방을 넘어, 롤 모델의 장점을 분석적으로 시청하고 자신의 것으로 소화하는 방법을 가르쳐야 합니다.

롤 모델을 찾을 때 가장 중요한 원칙은 '아이의 관심사'에서 출발하는 것입니다. 부모가 생각하는 훌륭한 화자보다, 아이가 좋아하고 관심 있어 하는 대상 중에서 찾는 것이 훨씬 효과적입니다.

유아와 초등 저학년 아이들에게는 교육 방송의 진행자나 어린이 프로그램의 MC가 롤 모델의 좋은 출발점이 될 수 있습니다. 뽀로로, 핑크퐁 같은 캐릭터의 성우들은 발음도 명확하고 목소리 톤이나 말 속도도 아이들이 따라 하기에 적절한 편입니다. 마찬가지로 EBS의 자연 다큐멘터리 내레이터나 과학 프로그램의 진행자들도 롤 모델로 손색 없고요. 이들의 정확한 발음과 듣기 편한 속도는 아이들의 언어 발달에 큰 도움이 됩니다.

초등 고학년과 중학생의 경우는 어떨까요? 이 나이대는 아이가 관심 있는 분야의 유튜버나 강연자를 찾아보면 좋습니다. 게임을 좋아한다면 게임 해설자나 프로게이머 중에서, 음악을 좋아한다면 음악 프로그램의 MC나 뮤지션의 인터뷰를 찾아볼 수 있겠지요. 중요한 것은 '말을 잘한다'라는 단순한 기준이 아니라, 아이가 그 사람의 말하기 스타일에 자연스럽게 매력을 느끼는지입니다. 논리적으로 정보를 전달하는 교육 유튜버, 흥미로운 스토리텔링을 하는 웹툰 리뷰어, 심지어 게임 해설자까지 그 스펙트럼은 매우 넓습니다.

롤 모델을 찾았다면, 이제는 체계적으로 따라 해 볼 차례입니다. 제가 수업에서 활용하는 '3단계 모방 학습법'을 소개합니다.

롤 모델을 효과적으로 따라 하는 3단계 모방 학습법

○ 1단계: 듣고 관찰하는 단계

처음에는 그냥 편하게 듣고 봅니다. 이 단계에서는 내용에 집중하며 그 사람이 어떻게 말하는지 자연스럽게 익히는 걸로 충분합니다. 아이와 함께 2~3분 정도의 짧은 영상을 보면서 "이 사람의 말하기 중에서 어떤 부분이 좋았어?"라고 물어보세요. 이 과정은 무의식적인 모방을 활성화하는 단계입니다. 억지로 분석하려 들지 말고, 그냥 자연스럽게 보고 느끼는 게 중요합니다.

○ 2단계: 특정 요소에 집중해서 관찰하는 단계

이 단계에서는 롤 모델의 말하기를 조금 더 분석적으로 살펴봅니다. "이번엔 이 사람이 어떤 표정을 짓는지 유심히 봐 볼까?" "목소리 크기가 어떻게 변하는지 들어 보자" 같은 구체적인 관찰 포인트를 정해 주는 거죠. 필요하다면 소리를 끄고 표정과 제스처만 보거나, 화면을 끄고 목소리만 들을 수도 있습니다. 특히 이 단계에서는 롤 모델이 청중을 어떻게 바라보는지, 중요한 순간에 어떤 표정을 짓는지를 중점적으로 관찰해 보는 게 좋습니다.

○ 3단계: 실제로 따라 해 보는 단계

30초에서 1분 정도의 짧은 구간을 선택해서 원본을 듣고 멈춘 후, 똑같이 따라 해 보는 겁니다. 이때 스마트폰으로 녹화하면 더 좋아요. 아이가 녹화된 자신의 모습과 롤 모델을 비교해 볼 수 있으니까요. 처음부터 완벽하게 따라 할 필요는 없습니다. 한 번에 한 가지 요소씩, 예를 들어 "오늘은 손동작만 따라 해 보자"라고 정해서 연습하는 편이 훨씬 효과적입니다.

따라 하기 연습이 '특별한 활동'이 되면 아이들은 부담스러워합니다. 일상에 자연스럽게 녹여 내는 것이 중요해요. 예를 들어, 저녁 식사 시간에 "저번에 봤던 유튜버처럼 오늘 있었던 일을 재미있게 얘기해 볼까?"라고 제안할 수 있습니다. 혹은 가족회의 시간에 각자 좋아하는 화자의 스타일로 자신의 의견을 발표해 보는 것도 좋은 방법이고요. 특별한 무대가 아니라 일상의 대화 속에서 자연스럽게 연습하는 것이야말로 가장 효과적인 학습법입니다.

좋은 화법의 특징 분석하기

미디어 리터러시 교육에서 가장 강조하는 것이 바로 '비판적 시청critical viewing'입니다. 단순히 콘텐츠를 소비하는 것이 아니라 그게 어떻게 만들어졌는지, 무엇을 전달하고자 하는지 분석하며 보는 능력이죠. 이를 말하기 교육에 적용하면 '분석적 듣기analytical listening'가 됩니다.

저는 수업에서 학생들에게 이렇게 말합니다. "좋은 스피치를 듣고 감동받는 것도 중요하지만, 왜 감동받았는지 설명할 수 있어야 진짜 배운 거야." 화법의 특징을 분석하는 능력은 아이들이 단순히 말하기를 따라 하는 수준을 넘어, 상황에 맞게 응용하고 자신만의 스타일을 만들어 가는 데 필수적입니다.

좋은 말하기는 여러 요소들이 조화롭게 어우러져 만들어집니다. 그럼 지금부터 좋은 화법을 구성하는 핵심 요소들을 소개해 보겠습니다. 먼저 언어적 요소입니다. 가장 기본이 되는 것은 '무엇을 말하는가'예요. 내용의 구조, 단어 선택, 문장 구성 등이 여기에 해당됩니다. 좋은 화자들은 복잡한 내용도 쉬운 말로 풀어서 설명합니다. 전문용어를 사용할 때도 반드시 쉬운 설명을 덧붙이죠. 또한 적절한 비유와 예시를 활용해 이해를 돕습니다. 아이와 함께 영상을 보면서 "이 사람은 어려운 말을 어떻게 쉽게 설명했을까?" "어떤 예시를 들었지?"라고 질문해 보세요. 좋은 화자들은 대체로 짧고 명료한 문장을 사용하며, 중요한 내용을 반복하거나 다르게 표현해서 강조한다는 걸 알 수 있습니다.

다음은 준언어적 요소입니다. '어떻게 말하는가'에 해당하는 부분이죠. 여기에는 목소리의 크기와 톤, 말의 속도나 억양, 강세, 쉼 등이 포함됩니다. 같은 내용이라도 어떻게 말하느냐에 따라 전달력은 천차만별로 달라집니다. 좋은 화자들의 공통점은 '변화'를 잘 준다는 것입니다. 중요한 부분에서는 천천히 말하고, 설명 부분에서는 조금 빠르게 말하는 식으로 말하기의 강약을 절묘하게 조절하죠. 또 감정을 담아야 할 때는 목소리 톤을 바꾸고, 강조할 때는 잠시 멈춥니다. 아이와 함께 "지금 이 사람이 목소리를 크게 한 이유가 뭘까?" "왜 여기서 잠깐 쉬었을까?"를 생각해 보면 좋습니다.

마지막으로 비언어적 요소입니다. 얼굴 표정, 눈빛, 손동작, 자세, 움직임 등이 여기에 해당됩니다. 좋은 화자들은 자연스럽고 적절한 표정과 제스처를 사용합니다. 과하지도, 부족하지도 않게 말이에요. 즐거운 이야기를 할 때는 미소를 짓고, 진지한 내용에서는 진지한 표정을 짓죠. 눈 맞춤도 중요한데, 카메라를 직접 보거나 청중을 골고루 쳐다보는 편이 신뢰감을 줍니다. 특히 요즘은 온라인 화상 발표가 많아졌잖아요? 온라인 환경에서는 제스처가 화면에 한정되기 때문에, 카메라 렌즈를 직접 바라보는 아이 콘택트와 상체를 활용한 제스처가 더욱 중요하다는 것을 아이에게 알려 주세요.

실전 예시

연령별 화법 분석 포인트

○ 유아 및 초등 저학년

유아와 초등 저학년 아이들은 아직 추상적 사고가 발달하지 않았기 때문에 구체적이고 관찰 가능한 요소에 집중하는 편이 좋습니다.

- 단순 질문하기: "표정이 어땠어?" "손을 어떻게 움직였어?" "목소리가 컸어, 작았어?" 같은 단순한 질문이 적합해요.

- 한 번에 한 가지 요소만 관찰하기: 이를테면 첫 번째로 영상을 볼 때는 표정만 관찰하고, 두 번째로 볼 때는 손동작만 집중해서 봅니다. 또한 "재미있었어" "좋았어" 같은 추상적 표현보다는 "웃는 얼굴이 많았어" "손을 크게 움직였어" 같은 구체적 관찰을 유도해 주세요.

○ 초등 고학년

- 구조와 전략을 파악하는 질문하기: "이 사람이 말하는 순서를 보니까 어떻게

구성한 것 같아?" "중요한 부분을 어떻게 강조했을까?" 같은 질문으로 구조와 전략을 파악할 수 있도록 도와주세요.

- 여러 요소를 동시에 관찰하고 비교해 보기: 같은 주제로 말하는 두 명의 화자를 비교해 보거나, 같은 화자의 영상을 여러 개 보고 비교하며 공통점과 차이점을 찾아보는 활동도 좋습니다. '처음-중간-끝' 같은 기본 구조를 파악하고 "예시를 들어서 설명했어" "질문으로 시작했어" 같은 구체적인 화법 기술을 인식하고 분석해 보는 겁니다.

○ 중학생

- 깊이 있는 분석 도와주기: 화자의 의도, 청중에 대한 고려, 수사적 기법 등을 함께 이야기할 수 있어요. "이 사람은 왜 이런 예시를 들었을까?" "어떤 사람들이 들으면 좋겠다고 생각하고 말한 것 같아?" 같은 질문으로 커뮤니케이션의 전략적 측면을 이해하게 할 수 있습니다.

- 다른 방법 생각해 보기: 롤 모델의 화법이 효과적인 이유를 논리적으로 설명하고, 같은 효과를 내기 위한 다른 방법을 생각해 볼 수도 있습니다. "이 사람은 감정에 호소하는 방식을 썼는데, 논리적으로 설득하려면 어떻게 해야 할까?" 같은 고차원적 질문도 가능합니다.

말하기 롤 모델 분석을 꾸준히 하기 위해 간단한 분석 노트를 만들어 보는 것도 좋습니다. 노트 형식은 자유롭게 해도 무방하지만, 롤 모델의 이름과 영상 제목, 관찰 날짜, 영상 길이와 주제, 인상 깊었던 점 세 가지, 각 장점이 효과적이었던 이유, 내가 따라 하고 싶은 점 한두 가지, 구체적인 실천 방법, '오늘의 배움' 한 문장 정도를 포함하면 좋습니다.

형식에 얽매일 필요도 없습니다. 아이가 그림을 그리게 두어도 좋고, 스티커를 붙여도 좋고, 마인드맵으로 정리해도 좋습니다. 색연필로 중요한 부분을 표시하거나, 인상 깊은 장면을 스크린 숏으로 저장해서 붙여도 됩니다. 거창한 노트가 부담스럽다면 스마트폰 메모장에 세 줄로 요약하는 습관부터 시작하세요. 매일 5분만 투자해도 충분합니다.

중요한 것은 '생각하며 본다'라는 태도를 습관화하는 거예요. 무심코 보던 영상을 조금 더 분석적으로 보는 것만으로도 큰 차이를 만들 수 있습니다. 일주일에 한 번이라도 좋으니 아이와 함께 앉아서 영상을 시청하고 짧게라도 이야기를 나눠 보세요. "오늘 본 영상에서 가장 기억에 남는 건 뭐야?" 같은 간단한 질문으로 시작하면 됩니다. 시간이 지나면서 노트가 쌓이면, 아이는 자신의 성장과정을 한눈에 볼 수 있어요. '처음에는 표정만 관찰했는데, 이제는 말의 구조까지 분석할 수 있어!' 식으로 자신의 발전을 확인할 수 있죠.

모방에서 창조로: 롤 모델의 장점을 우리 아이에게 적용하기

모방은 학습의 시작이지 끝이 아닙니다. 진정한 말하기 실력은 롤 모델의 장점을 자기 것으로 소화하고 자신만의 스타일로 재창조할 때 완성됩니다. 제가 가르친 학생들 중 가장 인상적이었던 경우는 여러 롤 모델의 장점을 조합해 자신만의 독특한 화법을 만들어 낸 학생들이었습니다. 실제로 한 학생은 다큐멘터리 내레이터의 차분한 톤과 유튜버의 친근한 예시 활용법, 그리고 TED 강연자의 명확한 말하기 구조를 결합해 자신만의 발표 스타일을 만들었습니다. 처음에는 각각을 따라 하는 데 집중했지만, 점차 자신에게 맞는 요소들만 선택적으로 활용하면서 독창적인 화법을 완성했죠.

다만 이때 아이들마다 타고난 성향과 성격이 다르다는 점을 기억해야 합니다. 내향적인 아이에게 활발한 예능인의 화법을 그대로 강요하면 오히려 역효과가 나기 쉽습니다. 우리가 아이에게 바라는 건 '창조적 적용'이지 '완벽한 복사'가 아닙니다. 그런 까닭으로 이 창조적 적용의 첫 단계는 우리 아이가 어떤 아이인지 정확히 파악하는 것에서부터 시작됩니다. 말하기와 관련해서는 특히 주목해야 할 특성들이 있어요. 먼저 성격적 특성입니다. 아이가 사람들 앞에서 말하는 것을 좋아하나요, 부담스러워하나요? 이에 따라 적합한 롤 모델의 스타일이 달라집니다. 외향적인 아이는 에너지 넘치는 화자의 스타일을, 내향적인 아이는 차분하고 깊이 있는 화자의 스타일을 더 편안하게 받아들입니다. 특히 내향적인 아이들의 부모님께 꼭 말씀드리고 싶은 게 있어요. 내향적인 성격을 단점으로 받아들일 필요가 없다는 것입니다. 오히려 이런 성격은 '차분하고 신뢰감 있는 화법'과 궁합이 좋습니다. 이를 우리 아이만의 말하기 강점으로 발전시키는 것도 얼마든지 가능하고요.

다음은 아이의 말하기 경험이 얼마나 되는지를 파악해야 합니다. 경험이 적은 아이에게는 기본적인 요소, 즉 명확한 발음이나 적절한 목소리 크기를 연습하는 것에서부터 시작해야 합니다. 말하기 경험이 많은 아이는 청중과의 상호작용이나 유머를 활용하는 등 더 고급 기술을 적용해 볼 수 있죠.

마지막으로 아이의 강점과 약점을 파악해야 합니다. 우리 아이가 말하기에서 잘하는 부분과 보완이 필요한 부분이 무엇인지 살펴보세요. 목소리는 좋은데 표정이 딱딱한 아이, 내용은 좋은데 말이 너무 빠른 아이 등 이 부분 역시 아이마다 다 다릅니다. 롤 모델의 장점 중에서도 우리 아이에게 가장 필요한 부분을 우선적으로 적용해 주세요.

좋은 화법의 단계별 적용 전략

아이와 함께 롤 모델을 찾고, 그들의 화법을 분석해 보았습니다. 그럼 이를 구체적으로 어떻게 아이의 실제 말하기에 적용하면 좋을까요? 롤 모델의 장점을 우리 아이에게 자연스럽게 적용하려면 체계적인 접근이 필요합니다. 다음의 네 단계를 따라가다 보면, 아이는 점차 자신만의 스타일을 만들어 갈 수 있을 거예요.

첫 번째, 한 가지만 선택하세요. 롤 모델의 모든 장점을 한꺼번에 따라 하려고 하면 아이가 혼란스러워합니다. 롤 모델의 장점은 한 번에 한 가지씩 적용하는 편이 훨씬 효과적이에요. 이를테면 "이번 달에는 ○○

처럼 표정을 풍부하게 해 보자”“이번 주는 △△처럼 제스처를 활용해 보자”처럼 구체적인 목표를 정하세요. 목표는 측정 가능하고 명확해야 합니다. ‘말을 잘하자’보다는 ‘중요한 단어를 말할 때 2초 멈추기’처럼 구체적으로 정하면 아이도 실천하기 쉽고, 성취감도 느낄 수 있어요.

두 번째, 일상 대화에서 연습하세요. 좋은 화법을 연습하기 위해 발표나 특별한 상황을 기다릴 필요는 없습니다. 오히려 일상 대화가 가장 좋은 연습 기회입니다. 저녁 식사 시간에, 주말에 가족끼리 외식하면서 등 부담 없는 환경에서 자주 연습하다 보면 새로운 화법이 자연스럽게 아이의 몸에 스며들게 됩니다. 처음에는 의식적으로 노력해야겠지만, 반복하다 보면 무의식적으로 나오게 되죠. 가족 모임, 친척 방문, 친구와의 대화 등 모든 상황이 연습의 기회가 될 수 있어요.

세 번째, 피드백을 주고 조정하세요. 아이가 새로운 화법을 시도할 때 긍정적이고 구체적인 피드백을 주세요. “잘했어”보다는 “표정이 풍부해져서 듣는 사람이 더 집중하게 되더라”“중요한 부분에서 잠깐 멈추니까 이해하기 훨씬 쉬웠어”처럼 구체적으로 말해 주는 편이 좋습니다. 한편 롤 모델의 장점 중 어떤 요소는 아이에게 잘 맞고, 어떤 요소는 어색할 수 있어요. 아이가 편안하게 느끼는 범위 내에서 천천히, 자율적으로 이를 자기 말하기에 적용할 수 있도록 도와주세요. 아이 스스로 ‘이건 나한테 잘 맞아’라고 느끼는 요소를 발견하도록 돕는 것이 핵심입니다.

네 번째, 여러 롤 모델을 조합하세요. 한 롤 모델에 어느 정도 익숙해지면 다른 롤 모델의 장점도 시도해 봅니다. 이 단계에서 비로소 아이만의 독특한 스타일이 만들어집니다. 이를테면 A 유튜버의 명확한 구조, B 강연자의 풍부한 예시, C MC의 자연스러운 제스처를 조합해서 아이만의 스타일을 만들어 가는 거죠. 이때 중요한 것은 무작정 섞는 게 아닌 각 요소가 서로 조화를 이루도록 하는 것입니다. "나는 차분한 톤에 가끔 유머를 섞는 스타일" "나는 에너지 넘치지만 구조는 명확한 스타일"처럼 아이가 자신의 화법을 한 문장으로 정의할 수 있게 되면, 그때가 바로 아이만의 스타일이 완성되는 순간입니다.

이 모든 과정에서 부모의 역할은 '코치'입니다. 직접 가르치기보다는 아이가 스스로 발견하고 시도할 수 있도록 도와주세요. 아이가 롤 모델의 화법을 자신의 말하기에 하나씩 적용해 나갈 때마다 "요즘 말할 때 표정이 훨씬 풍부해졌네" "오늘 발표 연습할 때 중요한 부분에서 잠깐 쉬는 거 봤어. 정말 효과적이더라" 식으로 세심하게 관찰하고 인정해 주세요.

또한 아이에게 안전한 연습 환경을 만들어 주세요. 아이가 새로운 화법을 시도할 때는 실수할 수 있습니다. 가족 안에서는 실수해도 괜찮다는 분위기를 만들어 주세요. "처음이니까 어색한 게 당연해. 계속 해 보면 자연스러워질 거야"라는 격려가 필요합니다. 그리고 부모 역시 함께 성장하세요. 부모님도 함께 롤 모델을 찾고, 분석하고, 이를 자신의 말하기에 적용해 보는 겁니다. "엄마도 오늘 회의에서 ○○처럼 말해 봤는데, 반응이 좋더라"라고 공유하면, 아이는 말하기가 평생 배우고 발전시켜야 하는 능력임을 자연스럽게 배웁니다.

미디어 속 롤 모델을 활용한 말하기 교육은 아이들에게 구체적인 모델을 제시하면서도, 자신만의 스타일을 찾아가도록 돕는 균형 잡힌 접근법입니다. 중요한 것은 완벽한 모방이 아니라 롤 모델의 장점을 자신의 것으로 만들어 편안하고 자연스럽게 표현하는 일입니다. 아이들이 자신감 있고 효과적으로 말하는 사람으로 성장할 수 있도록 따뜻한 관심과 격려를 아끼지 마세요.

4

미디어 시대, 우리 아이 제대로 생각하고 말하게 하기

유튜브와 말하기 교육은 어떻게 연결될까?

"엄마, 유튜브에서 봤는데 이 장난감 사면 친구들이 다 부러워한대!" 초등학교 3학년 하진이가 눈을 반짝이며 말합니다. "쌤, 유튜버가 이렇게 하래서 따라 했어요." 수업 시간에 학생이 자신 있게 대답합니다.

요 근래 부모님들께 자주 받는 질문이 있습니다. "교수님, 미디어 리터러시 교육이 왜 말하기 교육이에요? 우리 애가 유튜브 많이 보는 건 알지만, 그게 말하기랑 무슨 상관인가요?"

15년간 아이들을 가르치면서 가장 크게 달라진 점이 있다면, 바로 아이들이 접하는 정보의 양과 그 루트입니다. 과거에는 교과서와 책, 그리고 부모님과 선생님의 이야기가 주된 정보원이었지만, 지금 아이들은 유튜브, 틱톡, 인스타그램을 통해 하루에도 수백 개의 메시지를 접하며 자랍니다. 더 놀라운 것은 아이들이 그 정보를 여과 과정 없이 그대로 받아들인다는 사실입니다.

"이게 진짜래" "다들 이렇게 해" "이게 최고야"… 미디어에서 본 것을 자신의 생각처럼 말하는 아이들의 모습에서, 우리는 미디어 리터러시와 말하기가 왜 분리될 수 없는지를 확인하게 됩니다. 문제는 이 정보들이 모두 사실이 아니라는 점입니다. 누군가의 의견이 마치 사실처럼 포장되어 있고, 감정을 자극하는 콘텐츠가 논리적 사고를 앞서가는 환경 속에서 우리 아이들에게는 단순히 '잘 말하는 능력'이 아니라 '제대로 생각하고 말하는 능력'이 필요합니다.

비판적 사고는 단순히 '비판하는 것'만을 의미하지 않습니다. 정보를 받아들일 때 한 번 더 생각해 보고, 근거를 찾아 자신만의 판단을 내리는 것이죠. 그리고 이렇게 형성된 생각을 논리적으로 표현할 수 있을 때, 아이는 진정한 의사소통 능력을 갖추게 됩니다. 이 장에서는 방법론을 나열하기보다는, 왜 미디어를 비판적으로 보는 능력이 중요한지, 그리고 그것이 어떻게 우리 아이의 말하기 교육과 연결되는지를 함께 살펴보겠습니다.

미디어를 비판적으로 보지 못하면 어떻게 될까?

"선생님, 요즘 초등학생들은 다 게임해요. 유튜버가 그랬어요. 그러니까 우리도 게임을 더 많이 할 수 있어야 해요." 초등학교 5학년 준호가 학급 토론 시간에 한 말입니다.

"준호야, 어떤 유튜버가 그렇게 말했어?" 선생님이 물었습니다.

"제가 좋아하는 게임 유튜버요. 구독자가 100만 명이나 돼요!"

"그 유튜버는 왜 그렇게 말했을까?"

준호는 잠시 멈칫했습니다. 생각해 본 적이 없었습니다. 실제로 그 유튜버는 게임 회사의 협찬을 받아 게임을 홍보하는 영상을 만들고 있었지만, 준호는 그 사실을 알지 못했고 유튜버의 말을 그대로 '사실'로 받아들였습니다. 이것이 첫 번째 문제입니다. 미디어를 비판적으로 보지 못하면 아이는 다른 사람의 의견을 자신의 생각처럼 말하게 됩니다.

"선생님, 제 친구가 이상한 소리를 해요. 틱톡에서 다들 이렇게 하는데, 얘만 안 한대요." 초등학교 4학년 지민이는 친구들과 다툰 후 상담실에 왔습니다.

"뭘 하는데?"

"요즘 유행하는 춤이요. 다들 해요."

"다들? 그 다들에 누가 포함된 건데?"

"제 틱톡에 나오는 사람들이요. 그러니까 다예요."

지민이는 알고리즘이 자신의 취향에 맞는 영상만 보여 준다는 사실을 몰랐습니다. 자신의 작은 화면 안 세상이 세계의 전부라고 생각한 것이죠. 이것이 두 번째 문제입니다. 미디어를 비판적으로 보지 못하면 아이는 편향된 정보를 절대적 진리처럼 받아들이게 됩니다.

"환경보호를 위해서는 어떤 경우에도 일회용품은 쓰면 안 돼요. 이게 정답이에요." 초등학교 6학년 서연이는 사회 시간에 발표하다가 친구와 심하게 다퉜습니다.

"근데 병원 같은 데서는 위생을 위해 일회용품이 필요할 것 같은데…" 친구가 조심스럽게 말했습니다.

"아니야! 유튜브에서 봤는데 일회용품이 바다를 다 망치고 있대. 일회용품은 무조건 나빠!"

서연이는 자신이 본 영상이 환경문제의 한 측면만 강조했다는 사실을 몰랐습니다. 복잡한 문제를 단순하게 보고, 자신과 다른 의견을 틀렸다고 생각한 것이죠. 이것이 세 번째 문제입니다. 미디어를 비판적으로 보지 못하면 아이는 복잡한 문제를 단순화하고, 다른 의견을 틀렸다고 말하게 됩니다.

이 세 가지 사례가 보여 주는 바는 명확합니다. 미디어를 비판적으로 보지 못하는 아이는 다른 사람의 의견을 자신의 생각처럼 말하고, 편향된 정보를 절대적 진리처럼 믿으며, 복잡한 문제를 단순화하여 말하고, 다른 의견을 틀렸다고 단정 짓게 됩니다. 결국 대화가 아니라 일방적인 주장만 하게 되는 것이죠. 이것이 바로 미디어 리터러시가 말하기 교육과 연결되는 이유입니다.

미디어를 비판적으로 보는 아이는 어떻게 말할까?

그렇다면 미디어를 비판적으로 보는 법을 배운 아이들은 어떻게 말할까요? 준호와 같은 게임 영상을 본 민준이는 "그 유튜버는 그렇게 생각하더라" 대신 이렇게 말했습니다. "저는 게임 시간을 늘려야 한다고 생각해요. 제가 본 유튜버는 게임이 창의력 향상에 도움이 된다고 했어요. 물론 그 유튜버가 게임 회사랑 일한다는 것도 알고 있어요. 그래도 저는 적당히 게임을 하는 건 괜찮다고 생각해요." 민준이는 정보의 출처를 밝히고 그것이 유튜버의 의견임을 명확히 했으며, 이해관계를 파악했고 그럼에도 자신만의 의견을 제시했습니다.

환경문제를 토론하던 유진이는 이렇게 말했습니다. "제가 본 영상에서는 일회용품이 환경에 안 좋다고 했어요. 근데 친구 말을 들어 보니, 위생이 중요한 곳에서는 필요할 수도 있겠다는 생각이 들어요. 둘 다 중요한 것 같아요." 유진이는 자신이 본 정보의 관점을 인정하면서도 다른 의견을 수용했고, 문제의 복잡성을 인정했습니다. 이것이 비판적으로 보는 아이의 말하기입니다.

그렇다면 부모님은 집에서 어떻게 도와줄 수 있을까요? 방법론을 세세하게 나열하기보다, 일상에서 실천할 수 있는 핵심 원칙을 알려 드리겠습니다.

되도록 아이 혼자 미디어를 보게 두지 마세요. 특히 저학년일수록 미디어 콘텐츠는 부모와 함께 시청해야 합니다. "이 영상을 만든 사람은 누구일까?" "이 사람은 왜 이렇게 말했을까?" "이 광고는 우리에게 뭘 사라고 하는 걸까?" 같은 질문들을 던지면서 아이가 스스로 생각하는 연습을 할 수 있도록 도와주세요.

아이와 함께 같은 주제를 다룬 콘텐츠를 여러 개 보세요. "이 유튜버는 이렇게 말하네. 다른 사람은 어떻게 생각할까?" "이 뉴스는 이런 관점에서 보는구나. 다른 뉴스는 이 주제를 어떻게 다룰까?" 이런 대화를 통해 세상에는 하나의 정답만 있는 것이 아니라, 여러 관점이 있다는 사실을 자연스럽게 보여 줄 수 있습니다.

아이가 출처를 확인하는 습관 들이도록 도와주세요. "유튜브에서 봤는데 이게 진짜래요!"라고 말하는 아이에게 "그거 아니야"라고 딱 잘라 말하기보다는 "그렇게 생각하는구나! 어디서 봤어? 같이 한번 찾아볼까?"라는 식으로 대화를 이어 가세요. 출처를 확인하는 습관을 자연스럽게 가르치면서 "그 유튜버는 왜 그런 영상을 만들었을까?" "그 사람은 뭘 하는 사람일까?" 같은 질문을 던지면 아이가 비판적 사고를 기르는 데 큰 도움이 됩니다.

무엇보다 부모 자신이 비판적으로 미디어를 소비해야 합니다. "엄마가 뉴스에서 봤는데, 이런 관점이더라. 근데 다른 사람들은 어떻게 생각할까?" "이 광고 재미있다. 근데 우리한테 뭘 사라고 하는 건지 알겠니?" 이렇게 부모부터 모든 정보를 절대적 진리처럼 말하지 않는 모습을 보여 주면, 아이도 자연스럽게 따라 배우게 됩니다.

'진짜?'라고 되묻기: 사실과 의견 구분하기

미디어를 비판적으로 보는 것의 핵심은 사실과 의견을 구분하는 데 있습니다. 그리고 이는 말하기와도 직접적으로 연결성을 갖습니다.

"선생님, 이건 사실이에요! 유튜브에서 봤어요!" 수업 시간에 정말 자주 듣는 말입니다. 많은 아이들이 자신이 본 것, 들은 것을 여과 없이 '사실'이라고 믿는데, 특히 평소 좋아하는 유튜버나 인플루언서, 혹은 친한 친구가 한 말은 더욱 그렇습니다. 아이들은 어째서 이처럼 사실과 의견을 혼동할까요?

여기에는 미디어 환경의 영향이 큽니다. 알고리즘은 아이의 취향에 맞는 영상만 계속 추천해 주고, 그러다 보니 아이는 자신이 보는 편향된 일부 세상이 세상의 전부라고 믿기 쉽습니다. 사실과 의견을 구분하지 못하면 아이는 타인의 주관적 견해를 절대적 진리로 받아들이게 되고, 자신의 생각을 표현할 때도 "이건 진짜야" "이게 정답이야"처럼 단정적으로 말하게 됩니다. 그리고 이런 말하기 습관은 결국 대화나 토론에서 불필요한 갈등을 일으킵니다. 자신의 의견에 동의하지 않는 친구를 '틀린' 사람이나 '나쁜' 사람으로 규정해 버리기도 합니다.

사실과 의견은 대체 뭐가 다른 걸까요? 사실은 객관적으로 증명할 수 있고, 누가 봐도 참과 거짓을 확인할 수 있는 것입니다. "서울은 대한민국의 수도이다" "물은 섭씨 100도에서 끓는다" 같은 것들이죠. 반면 의견은 주관적 판단이나 생각으로, 사람마다 다를 수 있고 "좋다" "나쁘다" "최고다" 같은 평가가 들어갑니다. "서울은 살기 '좋은' 도시다" "여름이 '가장 좋은' 계절이다"처럼요. 의견은 옳고 그름을 따질 수 없습니다. 사람마다 경험, 가치관, 취향이 모두 다르기 때문이죠. 의견은 존중받아야 하지만, 사실처럼 절대적인 진리는 아닙니다.

그렇다면 아이에게 사실과 의견을 구분하는 법을 어떻게 가르치면 좋을까요? 연령에 따라 접근 방법이 다릅니다. 유아부터 초등 저학년 시기에는 '사실'과 '의견'이라는 단어가 어렵기 때문에 '눈에 보이는 것'

과 '느낌'으로 설명하는 편이 좋습니다. '이 사과는 빨갛다'는 눈으로 볼 수 있지만 '이 사과는 맛있다'는 사람마다 다를 수 있다는 식으로 접근 하는 것이죠. 그림책을 읽으면서 퀴즈를 내 보세요. "'코끼리는 코가 길 다' 이건 눈에 보이는 거야, 느낌이야? '토끼는 정말 착해!' 그럼 이건 어 떨까?"

초등 고학년이 되면 '증거'나 '출처'의 중요성을 알려 줄 수 있습니 다. 뉴스 기사나 광고를 함께 보면서 "'대한민국 1등 비타민!' 이게 사실 일까? 어떻게 확인할 수 있을까? '비타민 C 1000mg 함유' 그럼 이건? 성분표를 보면 확인할 수 있겠다!" 이런 식으로 증거로 확인 가능한 것 과 그렇지 않은 것을 구분하는 연습을 시킬 수 있습니다.

이제 이를 말하기에 적용하는 단계만 남았습니다. 사실 이게 가장 중 요한 부분이죠. 사실과 의견을 구분하는 것이 왜 말하기와 연결될까요? 사실과 의견을 구분할 수 있게 되면 아이는 자신의 생각을 말할 때 "이 건 진짜야!"라고 단정(의견을 사실로 혼동)하는 대신 "제 생각에는 이게 맞 는 것 같아요"라고 말하게 됩니다. 의견은 어디까지나 의견인 채로 두는 것이죠.

이처럼 의견을 말할 때는 "제 생각에는…" "저는 ~라고 느꼈어요" "제가 보기에는 ~한 것 같아요" 식의 표현을 사용하고, 자신의 의견을 뒷받침할 때는 사실, 즉 근거를 함께 제시하라고 가르치세요. "이 영화 재미있어요!"라고만 말하는 것이 아니라 "이 영화는 관객 수가 1000만 명을 넘었대요. 저도 봤는데 정말 재미있었어요"처럼 사실과 의견을 함께 제시하는 것이죠. 한편 사실을 말할 때는 "책에 따르면…" "뉴스에서 봤는데…" "제가 직접 확인해 보니…" 같은 표현을 사용하도록 가르쳐 주세요.

미디어 리터러시와 말하기는 따로 떨어진 능력이 아닙니다. 아이가 미디어를 비판적으로 보는 법을 배우면 자연스럽게 말하기도 달라집니다. 다른 사람의 의견을 자신의 생각처럼 말하지 않게 되고 편향된 정보를 절대적 진리처럼 믿지 않으며, 자신의 의견을 근거와 함께 논리적 으로 설명하는 동시에 다른 의견을 존중하며 대화하게 됩니다.

아이는 부모의 말하기를 들으며 자란다

커뮤니케이션으로 석사와 박사를 공부하고 지난 15년간 말하기를 가르쳐 온, 유튜브, 인스타그램, 스레드를 합쳐 총 9만여 명의 팔로워를 가진 3년 차 크리에이터인 저에게 어느 날 아버지가 이런 말씀을 하시더군요.

"나는 네가 이렇게 말을 잘하는 줄 미처 몰랐다. 영선아."

그도 그럴 것이 어린 시절의 저는 말을 유창하게 하는 아이가 아니었습니다. 내성적이고 수줍음이 많은, 고분고분한 모범생이었죠. 하지만 말수는 적었어도, 부모님이 어떻게 말하는지를 늘 보고 배우고 있었습니다.

아버지는 집에서는 말수가 적으셨지만 일터에서는 단호하고 논리적으로 의견을 전하는 카리스마가 있었습니다. 좋고 싫음이 분명했고, 근거로 말하는 것을 중요하게 여기셨죠. 어머니는 자신의 선호를 앞세우기보다 상대의 상황을 먼저 살피고, 그 사람에게 맞추어 이야기하는 분이었습니다. 제가 학교에서 있었던 일을 길게 늘어놓아도 늘 즐겁게 들어 주셨던 기억이 생생합니다.

그 두 분의 말하기 방식은 어느새 제 안에 자연스럽게 스며들었습니다. 고등학생 때 친구 관계로 힘들어하던 제게 조용히 건네신 엄마의 말은 지금도 제 인생의 기준점으로 남아 있습니다.

"영선아, 모든 사람에게 사랑받을 필요는 없어. 너를 사랑해 주는 사람과 잘 지내면 돼."

돌아보면, 말하기 전문가인 지금의 제 모습은 수많은 이론서나 논문보다 부모님이 일상에서 보여 주신 말하는 방식, 관계 맺는 방식을 통해 만들어진 부분이 큰 것 같습니다.

세월이 흘러 부모가 된 지금, 우리는 아이와 어떤 상호작용을 하고 있을까요? 업무의 스트레스를 집에 가져와 피곤하다는 이유로 아이의 질문을 한 귀로 듣고 한 귀로 흘려보내고 있지는 않나요? 호기심 어린 질문에 "네가 알아서 해"라고 말하며 휴대폰을 보던 적은 없나요? 아이에게 문제가 생겼을 때, 아이를 위로하고 공감해 주기보다 해결책을 먼저 던지거나 잘잘못을 따지며 아이를 몰아세운 적은 없었나요?

초등학교 3학년 딸을 키우는 부모인 저 역시, 아이에게 말을 건네기 전에 늘 한 번 더 스스로를 돌아봅니다. 제가 하는 말 한마디가 아이에게 미칠 영향을 잘 알기 때문입니다.

그래서 저는 일상에서 작은 실천들을 꾸준히 이어 가려 합니다. 하루의 시작에는 먼저 딸아이와 눈을 맞추고 안아 주며 "잘 잤어?"라고 묻고, 하루의 끝에는 "오늘도 수고했어, 사랑해"라고 말하며 다시 한번 아이를 꼭 안아 줍니다. 아이가 질문하거나 즐겁게 이야기를 할 때는 눈을 맞추며 재미있게 끝까지 들어 주고, 고민을 털어놓을 때는 해결책을 서둘러 제시하기보다 먼저 아이의 마음에 공감해 주려고 노력합니다. 이런 루틴 속에서, 제가 말하지 않아도 아이가 '사랑받고 신뢰받고 있다'는 사실을 자연스럽게 느낄 수 있기를 바랍니다.

물론 부모도 완벽할 수 없습니다. 우리의 부모가 우리에게 100점짜리 부모가 아니었듯이, 우리 역시 아이에게 완벽한 부모가 될 수는 없습니다. 하지만 한 가지 사실만은 분명합니다. 아이는 우리의 말을, 표정과 태도를, 그 모든 작은 순간을 보고 배운다는 것. 그리고 그 모습 그대로 친구, 학교, 세상과 관계를 맺게 됩니다.

이 책이 우리의 모습을 되돌아볼 수 있는 작은 거울이 되기를 바랍니다. 우리가 우리 부모에게 바랐던 말과 태도, 그리고 우리 아이에게 정말 전해 주고 싶은 말이 무엇인지 떠올리게 해 주는 계기가 되길 바랍니다.

그리고 그 과정 속에서 우리 아이가 보다 자기답게, 자신의 생각을 자유롭게 꺼낼 수 있는 환경을 만들어 줄 수 있기를 진심으로 바랍니다.

2026년 1월 이영선

우리 아이 말하기 수업

마음을 전하는 대화법부터 영향력 있는 말하기 전략까지

1판 1쇄 인쇄 2026년 2월 10일
1판 1쇄 발행 2026년 2월 25일

지은이 이영선
펴낸이 고병욱

기획편집2실장 김순란　**기획편집** 권민성 조상희
마케팅 안선욱 황혜리 황예린 권묘정 이보슬　**디자인** 공희 백은주
제작 김기창　**관리** 주동은　**경영지원** 노재경 송민진

펴낸곳 청림출판(주)
등록 제2023-000081호

본사 04799 서울시 성동구 아차산로17길 49 1010호 청림출판(주)
제2사옥 10881 경기도 파주시 회동길 173 청림아트스페이스
전화 02-546-4341　**팩스** 02-546-8053

홈페이지 www.chungrim.com　**이메일** life@chungrim.com
인스타그램 @ch_daily_mom　**블로그** blog.naver.com/chungrimlife
페이스북 www.facebook.com/chungrimlife

ⓒ이영선, 2026

ISBN 979-11-93842-61-4 13590